AF249237

30980

PRINCIPES ÉLÉMENTAIRES

D'ARITHMÉTIQUE

PRATIQUE,

CONTENANT

L'exposition raisonnée du Système métrique, appuyée de nombreux exemples et de Figures explicatives ; la numération, la démonstration des quatre Règles, appliquées aux nombres entiers et fractionnaires, aux nombres décimaux et aux Mesures nouvelles ; les proportions, les règles de société, d'abréviation ; le tout confirmé par une très-grande série d'exercices intéressants en forme de problêmes.

SUIVIS

De plusieurs formules des Actes les plus usuels et d'une Méthode très-facile de tenue des Livres.

Par **J. AUBANEL**, Fils.

AVIGNON,

CHEZ L. AUBANEL, IMPRIMEUR-LIBRAIRE.

1843.

EXPLICATION

DES PRINCIPAUX SIGNES DONT ON FERA USAGE DANS CE TRAITÉ.

Le signe *un* signifie unité.

D. . . . . demande.

Q. . . . . question.

R. . . . . réponse.

+. . . . . plus.

×. . . . . multiplié par.

⊃. . . . . divisé par.

P. ⁰⁄₀ . . . . . pour cent.

x. . . . . terme inconnu.

N^r. . . . . . numérateur.

D^r. . . . . . dénominateur

D. C.. . . . . . dénominateur commun.

:. . . . . est à.

::. . . . . comme.

=. . . . . égal à.

,, ... double virgule.

AVIS.

—

Présenter à la Jeunesse des principes de Calcul précis et intelligibles, également éloignés d'une routine insignifiante et d'une métaphysique supérieure à cet âge ; éviter la dictée des leçons, qu'on transcrit ordinairement mal ; retenir pourtant sous les yeux des commençans et rappeler à leur mémoire une analyse claire des explications qu'on aura proportionnées à leurs talens et à leurs progrès, renfermer en peu de pages tout ce qu'une notion suffisante de l'Arithmétique requiert, sans entrer dans des détails trop étendus ; offrir aux élèves une série de Problèmes intéressants, progressifs et variés ; tel est le but qu'on s'est proposé en rédigeant ces élémens. L'expérience en avait démontré la nécessité, puisse-t-elle en confirmer l'avantage, et faciliter l'étude de connaissances nécessaires à toutes les classes de la société.

Pour rendre l'emploi de notre livre utile à un plus grand nombre de personnes, nous y avons ajouté diverses formules des principaux actes les plus usuels, que nous avons fait suivre d'une méthode très-simple et très-facile de tenue des livres, accompagnée d'exemples suffisants ; de modèles d'un cahier de comptes et de la manière de dresser des mémoires, etc.

CHIFFRES ROMAINS.

I.	V.	X.	L.	C.	D.	M.
1.	5.	10.	50.	100.	500.	1000.

I	1	
II	2	
III	3	
IV	4	
V	5	
VI	6	
VII	7	
VIII	8	
IX	9	
X	10	
XI	11	
XII	12	
XIII	13	
XIV	14	
XV	15	
XVI	16	
XVII	17	
XVIII	18	
XIX	19	
XX	20	
XXI	21	
XXII	22	
XXIII	23	
XXIV	24	
XXV	25	
XXVI	26	
XXVII	27	
XVIII	28	
XXIX	29	
XXX	30	
XXXI	31	
XXXIV	34	
XXXIX	39	
XL	40	
XLVII	47	
XLIX	49	
LI	51	
LX	60	
LXXXI	81	
XCIV	94	
XCIX	99	
CCCI	301	
CD *ou* IVC	400	
DC *ou* IƆC	600	
CM	900	
M	1000	
MC	1100	
MD	1500	
MM *ou* II^m	2000	
MMM *ou* III^m	3000	
DCCCXVI	816	
X̄	10000000	
C̄	100000000	
DCCXCIX	799	
MDCCXC	1790	
MDCCCXXIX	1829	
MDCCCXXXXII	1842	
MDCCCXLIII	1843	

PRINCIPES ÉLÉMENTAIRES
D'ARITHMÉTIQUE
PRATIQUE.

QUESTIONS PRÉLIMINAIRES.

DEMANDE. Qu'est-ce que l'Arithmétique?

RÉPONSE. C'est la science qui enseigne à représenter par des caractères particuliers, toutes sortes de nombres, et à les calculer ou les combiner ensemble.

D. Qu'est-ce que le nombre?

R. Un nombre, est l'union de plusieurs unités : un seul mètre ne présente pas un nombre ; mais deux ou trois mètres forment un nombre.

D. Qu'est-ce qu'un nombre entier?

R. C'est celui qui contient l'unité une ou plusieurs fois exactement, comme 1, 2, 9, 15, 20, 49, 136, etc.

D. Qu'est-ce que l'unité?

R. Le nom d'unité se donne à un certain poids, comme *un kilogramme*; à une certaine longueur, comme *un mètre*; à une certaine capacité, comme *un litre*; en un mot, c'est ce qui sert à comparer toutes les quantités de même nature.

D. Qu'est-ce qu'une quantité?

R. On appelle, en général, *quantité*, tout ce qui peut être augmenté ou diminué. Ainsi les nombres, l'étendue, la durée, les poids, etc. sont des quantités.

D. Qu'entendez-vous par nombres *abstraits*?

R. Un nombre est *abstrait* si l'on n'exprime pas de quelle espèce d'unités il s'agit comme en prononçant simplement *quatre*, *huit*, *dix*, ou *trois fois*, *vingt fois*.

D. Qu'appelle-t-on nombres *concrets*?

R. Un nombre est *concret* lorsqu'on exprime de quelles unités l'on veut parler, comme en disant : *un litre*, *six mètres*, *douze kilogrammes*, etc.

1.

D. Qu'appelle-t-on nombres simples ?

R. Ce sont ceux qui ne renferment qu'une seule espèce de quantités , comme 3 francs , 15 mètres, 20 litres.

D. Qu'appelle-t-on nombres composés ?

R. Ce sont ceux qui renferment diverses espèces de quantités de même nature , comme 8 litres, 2 décilitres, 4 centilitres ; 6 francs, 3 décimes, 5 centimes ; 3 mètres, 7 décimètres , 9 centimètres , etc.

D. Combien y a-t-il d'opérations fondamentales dans l'arithmétique ?

R. Il y en a quatre ; savoir : l'Addition, la Soustration, la Multiplication et la Division.

DE LA NUMÉRATION.

D. Qu'est-ce que la numération ?

R. C'est l'art de figurer par des signes ou d'exprimer de vive voix les diverses valeurs des nombres.

D. De quoi se sert-on pour représenter les nombres ?

R. De dix caractères ou chiffres qui nous viennent des Arabes et qui sont consacrés par l'usage à indiquer les nombres. Les voici : 1 2 3 4 5 6 7 8 9 0.

D. Les Romains ne se servaient-ils pas de lettres alphabétiques pour indiquer les nombres ?

R. Oui, et nous les imitons quelquefois ; on en trouve un tableau au commencement de ce petit ouvrage.

D. Comment indique-t-on les nombres au-dessus de 9 ?

R. Pour indiquer les nombres au-dessus de neuf, sans imaginer d'autres signes , on donne aux chiffres une valeur *relative* à la place qu'ils occupent. Les *places* se comptent de droite à gauche , et cette valeur *relative* dans notre arithmétique augmente par décuple ; ainsi le chiffre 1 étant seul et isolé, se prononce *un* ; mais occupant la seconde place, au moyen du zéro mis à sa suite, comme 10, il signifiera *dix* ou une dixaine ; si on le met à la troisième place, comme 100, il signifiera *cent* ; à la quatrième place

(7)

comme 1000, il indiquera *mille*, et ainsi de suite. De là
deux valeurs dans les nombres, la valeur absolue et la
valeur relative.

D. Que peut-on conclure de ces principes?

R. Que pour multiplier un nombre par dix, par cent,
par mille, etc., il suffit de mettre à sa droite, un, deux,
ou trois zéros, etc.

D. Pourquoi, en mettant un zéro à la suite d'un nombre
simple, ou en reculant la virgule d'une place, si le nombre
est composé, devient-il dix fois plus grand?

R. Parce que ses centaines deviennent des milles, ses
dizaines des centaines, ses unités des dizaines, et, s'il est
composé, ses dixièmes des unités, ses centièmes des
dixièmes; ainsi, chaque chiffre devenant dix fois plus
grand, tout le nombre le devient donc aussi.

D. Que faut-il faire pour rendre un nombre dix, cent,
mille fois plus petit?

R. Si le nombre est simple, il faut séparer par une virgule un chiffre pour dix, deux pour cent, etc., et, s'il
est composé, il faut avancer la virgule vers la gauche,
d'une place pour dix, de deux pour cent, de trois pour
mille, etc.

D. Pourquoi, en séparant le dernier chiffre ou avançant
la virgule vers la gauche, si le nombre est composé devient-il dix fois plus petit?

R. Parce que ses mille deviennent des centaines, ses
centaines des dizaines, ses dizaines des unités, ses unités
des dixièmes, ses dixièmes des centièmes, etc.; tout le
nombre devient donc dix fois plus petit.

Ire LEÇON

Où l'on apprend à nombrer, et à poser les nombres entiers les uns
sous les autres.

D. Faites-nous connaître la valeur des dizaines?
R. Deux dizaines ou deux fois dix font vingt.   — 20
   3 Dizaines ou trois fois dix font trente.   — 30
   4 Dizaines ou quatre fois dix font quarante. — 40
   5 Fois dix cinquante.   — 50

6 Fois dix soixante.   — 60
7 Fois dix septante ou soixante-et-dix.   — 70
8 Fois dix huitante ou quatre-vingt.   — 80
9 Fois dix nonante ou quatre-vingt-dix.   — 90
10 Fois dix cent.   — 100

D. Que fait-on pour énoncer aisément un nombre composé de plusieurs chiffres ?

R. On le divise par tranches de trois chiffres chacune : le premier chiffre à droite s'appelle unité, le second dizaine, et le troisième centaine.

Exemples.

2 3 4, 9 4 3, 2 8 5, 4 7 9, 6 7 5, 7 9 2.

Centaines	Dizaines	Unités	Centaines	Dizaines	Unités	Centaines	Dizaines	Unités	Centaines	Dizaines	Unités	Centaines	Dizaines	Unités	Centaines	Dizaines	Unités
2	3	4	9	4	3	2	8	5	4	7	9	6	7	5	7	9	2

ou bien : deux cent trente-quatre, neuf cent quarante-trois, deux cent quatre-vingt-cinq, quatre cent septante-neuf, six cent septante-cinq, sept cent nonante-deux.

D. Comment nomme-t-on chacune de ces tranches de trois chiffres ?

R. En commençant par la droite on leur donne les noms suivants : unité, mille, millions, billions, trillions, quatrillions, etc.

Exemples.

Trillions,	Billions,	Millions,	Mille,	Unités.
356,	248,	538,	574,	295.
24,	904;	245,	000,	372.
8,	058,	790,	264,	228.
	284,	000,	000,	540.
	72,	036,	400,	024.

Les nombres ci-dessus s'expriment en disant : Trois cent cinquante-six trillions, deux cent quarante-huit billions, cinq cent trente-huit millions, cinq cent septante-quatre mille, deux cent nonante-cinq unités.

Seconde ligne. Vingt-quatre trillions, neuf cent quatre billions, deux cent quarante-cinq millions, trois cent septante-deux unités.

Troisième ligne. Huit trillions, cinquante-huit, etc.

TABLEAU DE NUMÉRATION.

COLONNES DES NOMBRES ENTIERS.												COLONNES DES DÉCIMALES.										
4e BILLION.			3e MILLION.			2e MILLE.			1ère UNITÉ.					2e MILLIÈME.			3e MILLIONIÈME.			4e BILLIONIÈME.		
Centaines de billions.	Dizaines de billions.	BILLIONS.	Centaines de millions.	Dizaines de millions.	MILLIONS.	Centaines de mille.	Dizaines de mille.	MILLE.	Centaines d'unités.	Dizaines d'unités.	UNITÉS.	Dixièmes d'unités.	Centièmes d'unités.	MILLIÈMES.	Dixièmes de millièmes.	Centièmes de millièmes.	MILLIONIÈMES.	Dixièmes de millionièmes.	Centièmes de millionièmes.	BILLIONIÈMES.	Dixièmes de billionièmes.	Centièmes de billionièmes.
2	7	4	6	3	7	5	4	2	8	6	4 ;	2	6	5	3	4	8	2	6	4	5	6

Commençant par la première colonne à gauche, il faut lire ainsi : deux cent soixante-quatorze *billions*, six cent-trente-sept *millions*, cinq cent quarante-deux *mille*, huit cent soixante quatre UNITÉS, vingt-six centièmes d'*unités*, cinq cent trente-quatre centièmes de *millièmes*, huit cent vingt-six centièmes de *millioniemes*, quatre cent cinquante six centièmes de *billioniemes*.

On voit que la colonne des UNITÉS est la première ou la principale qui détermine toutes les autres et qui sert de point de départ soit à droite, soit à gauche, et que le nom des tranches à droite ne diffère de celui de leurs correspondantes à gauche que par la terminaison *ième*.

Ce tableau sert à démontrer que les *décimales* suivent le système de numération des nombres entiers, mais en sens inverse ; le *dixième* est dix fois plus petit que l'unité tandis que la dizaine vaut dix unités ; le *centième* est la centième partie de l'unité, et une centaine vaut cent *unités*, etc.

EXERCICES SUR LA NUMÉRATION.

QUESTION 1re. Posez en chiffres les sommes suivantes : quinze unités, onze unités, quatre-vingt-dix-neuf unités, soixante-dix-sept unités, vingt-trois unités.

Q. 2. Posez cent unités, cent neuf unités, cent soixante-six unités, sept cent quatre-vingt-dix unités, deux cent soixante-dix-neuf unités, plus neuf cent une unités, cent onze unités.

Q. 3. Posez cent une unités, cent cinquante unités, trois cent dix unités, six cent sept unités.

Q. 4. Posez mille unités, mille cinq unités, mille dix unités, deux mille huit unités.

Q. 5. Posez trois mille six unités, quatre cent dix unités, cinq cent unités, huit cent soixante-six unités, neuf cent quatre-vingt-dix-sept unités.

Q. 6. Posez six cent mille trois cent dix-huit unités, cent cinquante mille, quatre-vingt-quinze unités, mille neuf cent trente-trois, neuf mille neuf cent quatre-vingt-dix-neuf, neuf cent mille cent, neuf cent mille neuf cent quatre-vingt-dix, mille quatre-vingt-huit, et neuf cent quatre-vingt-dix-neuf mille neuf cent quatre-vingt-dix-neuf unités.

Q 7. Posez un million d'unités, six millions cent six unités, trente-trois millions quatre cent unités.

Q 8. Posez quinze millions cent quinze mille huit cent soixante-dix-neuf, dix millions quarante-deux mille cent neuf, sept millions quinze.

Q 9. Posez cent un millions neuf cent un mille neuf cent une unités, trois cent onze millions six cent sept mille neuf cent soixante-dix-neuf unités, quatre-vingt-dix-neuf millions quatre-vingt-dix-neuf mille quatre-vingt-dix unités, un million sept mille trois cent quatre-vingt, treize millions treize, six cent cinq millions trois cent dix-sept mille quatre cent dix-neuf, et neuf cent quatre-vingt millions trois cent onze mille onze.

Q. 10. Posez deux billions d'unités un billion une unités , soixante-dix billions quinze mille quarante unités, cent dix billions cent dix millions cent dix mille cent dix , vingt-sept billions cent un millions cent onze mille onze , neuf cent quatre-vingt-dix-neuf billions neuf cent mille vingt-trois, et treize cent billions cent mille trois cent dix.

Q 11. Posez cent dix-sept trillions un billion cent onze millions six cent soixante-six mille quinze , quinze cent trillions sept cent quatre-vingt- quatre billions deux cent vingt-neuf millions neuf cent cinq mille trente-cinq , et quinze quatrillions quinze trillions cent vingt millions six cent cinquante mille.

EXPOSITION DU SYSTÈME MÉTRIQUE

ou

SYSTÈME DÉCIMAL DES POIDS ET MESURES

Établi en 1795 et plus tard rendu exclusivement obligatoire, à dater du 1ᵉʳ janvier 1840.

D. Pourquoi a-t-on remplacé les anciens poids et mesures par le système métrique ?

R. Toutes les mesures imaginées jusqu'alors avaient été arbitraires et prises au hasard dans l'origine ; de-là l'impossibilité d'en retrouver juste la valeur, si les originaux sans base fixe dans la nature venaient à s'altérer ou à se perdre avec le temps. Leurs divisions presque toutes différentes s'écartaient des lois de la numération ; de-là les longueurs , l'embarras des calculs ?

D. Existait-t-il beaucoup de différence entre elles ?

R. Elles variaient de nom et de grandeur d'un lieu à l'autre , quelquefois dans la même ville ; de-là les occasions de méprise , de fraude et les entraves du commerce.

D. Qu'a-t-on fait pour remédier à ces inconvéniens?

R. On a cherché dans la grandeur de la terre un étalon général et invariable ; on l'a divisé en parties décimales ,

c'est-à-dire , toujours dix fois plus grandes ou plus petites , et de cette mesure unique et élémentaire on a déduit
tous les autres poids et mesures , dans le rapport décuple
et sous-décuple qui est conforme à la nature de notre
arithmétique. On a donc ainsi une mesure invariable dans
son principe , régulière dans ses divisions , uniforme pour
toute la France.

D. Qu'entendez-vous par le mot *système*?

R. Il est employé ici pour indiquer un plan raisonné ,
une disposition méthodique et régulière. Les anciennes
mesures n'appartenaient pas à un système, car elles n'é-
taient, par leurs multiples ou sous-multiples, ni métho-
diques, ni régulières ; chacune d'elles était divisée d'une
manière particulière : douze ou treize nombres étaient
employés comme diviseurs ; ainsi les mesures de longueur
se divisaient par moitié, tiers, quart, etc., comme l'aune ;
en six ou en douze parties , comme la toise , le pied , le
pouce. Il en était de même pour les mesures de capacité,
pour les mesures agraires , pour les poids.

D. Pourquoi appelez-vous ce système *métrique* ?

R. Parce que dans ce plan nouveau le *Mètre* est l'unité
fondamentale et sert de base à toutes les autres.

D. Que représente le mètre ?

R. La dix millionième partie du quart du méridien ter-
restre. L'étalon prototype en platine, déposé aux archi-
ves, donne la longueur légale du mètre quand il est à la
température zéro.

D. N'appelle-t-on pas aussi ce système métrique , *système décimal*?

R. Oui, car son diviseur unique est dix. Ainsi, le premier chiffre d'un nombre est dix fois plus fort que le second, qui, à son tour, est dix fois plus fort que le troisième, celui-ci que le quatrième, le quatrième que le
cinquième, et ainsi de tous les autres.

D. Quels sont les noms *génériques* du système *métrique*?

R. Les voici : 1º le mètre , mesure de longueur.

2º L'are , mesure agraire.

3º Le litre , mesure de capacité.

4.º Le gramme, poids ou mesure de pesanteur.

5.º Le stère, mesure de solidité.

6.º Le franc pour les monnaies.

D. Quels sont les autres termes dont on se sert dans le calcul décimal ?

R. On se sert des mots *déca*, *hecto*, *kilo*, *myria*, *déci*, *centi*, *milli*, qui, indiquent la grandeur de la mesure par rapport à l'industrie ; *déca*, signifie dix fois plus grand : *hecto*, cent fois plus grand ; *kilo*, mille fois plus grand ; *myria*, dix mille fois plus grand. On les nomme *multiples*.

Déci, dix fois plus petit ; *centi*, cent fois plus petit ; *milli*, mille fois plus petit. On les nomme *sous-multiples* ou diviseurs.

En joignant donc ces prénoms aux mots *mètre*, *litre*, *are*, *gramme*, *stère*, on a la valeur des poids et mesures du système métrique. Devant *are*, on retranche l'*o* ou l'*a* en disant *décare* au lieu *décaare*, etc. Le franc, unité des mesures de valeur se divise en dix parties égales ; nous en parlerons plus tard.

D. Rendez-cela plus sensible en indiquant le rapport des mesures entre elles ?

R. Voici ces rapports :

1 Myria.	vaut	10 kilo.	10 milli.	valent	1 centi
1 Kilo.	—	10 hecto.	10 centi.	—	1 déci.
1 hecto.	—	10 déca.	10 déci.	—	1 unité.
1 déca.	—	10 (unités).	10 (unités)	—	1 déca.
1 (unité).	—	10 déci.	10 déca.	—	1 hecto.
1 déci.	—	10 centi.	10 hecto.	—	1 kilo.
1 centi.	—	10 milli.	10 kilo.	—	1 myria.

D. Ce tableau convient-il à toutes les mesures?

R. Oui, en ajoutant le nom de l'unité de la mesure que l'on considère. Il en résulte : qu'une mesure est toujours 10 fois plus grande que celle qui est immédiatement plus petite, et 10 fois plus petite que celle qui est immédiatement plus grande ; c'est une dizaine de la mesure plus petite, et la dixième partie de celle qui est plus grande ; par exemple le centimètre vaut 10 millimètres, ou une dizaine

de millimètres, et il est la dixième partie du décimètre :
il en résulte encore qu'une mesure vaut 100 fois, celle qui
est à deux rangs au dessous, ou une centaine de cette
mesure. Par exemple, le déca vaut 100 déci, le myria vaut
100 hecto. etc.

D. Qu'est-ce que le mètre?

R. Le *mètre* est l'unité des mesures de longueurs ou linéaires : il s'emploie pour mesurer tout ce qui se prend dans la longueur,
tel que les rubans, la toile, les indiennes,
etc. On se sert aussi du mètre pour mesurer
les surfaces, telle que la surface d'un jardin, d'une cour, d'un pavé, etc.

D. Quelle est la division du mètre ?

R. Il se divise en dix parties égales appe-
lées décimètres et dont nous donnons la
figure exacte. Les chiffres 1, 2, 3, 4, 5,
6, 7, 8, 9, 10, marquent les centièmes du
mètre; les petites divisions interlinéaires
en désignent les millièmes.

D. Nommez les multiples et les sous-multiples du mètre ?

R. Les multiples du MÈTRE sont :

Le décamètre qui vaut 10 mètres.

L'hectomètre — 100 mètres.

Le kilomètre — 1000 mètres.

Le myriamètre. — 10,000 mètres.

Les sous-multiples du MÈTRE sont ;

Le décimètre qui vaut la 10e partie du mèt.

Le centimètre — 100e partie du mèt.

Le millimètre — 1000e partie du mèt

Excepté dans l'arpentage où l'on emploie
le mot de décamètre, et dans les mesures
linéaires ceux de hectomètre, kilomètre,
on dit cent mètres, mille mètres, etc.

D. Dans quel ordre faut-il placer le mètre et ses parties
multiples et sous-multiples.

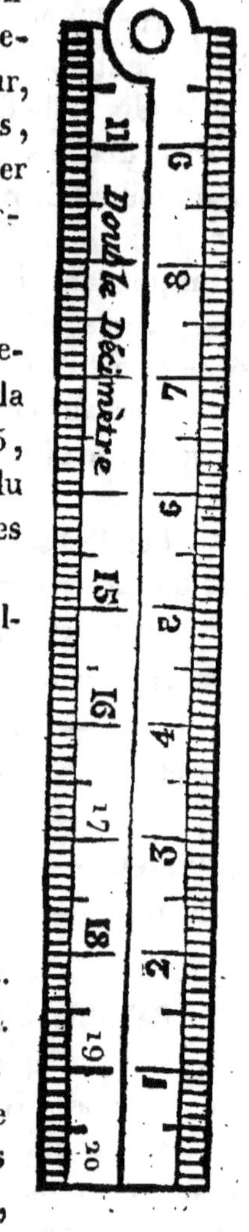

(15)

R. Pour exprimer une longueur décimale de l'une des unités métriques dont elle se compose, il suffit d'écrire de gauche à droite, à la suite les uns des autres, les chiffres qui expriment ces différentes unités, en commençant par les plus hautes (et en remplaçant par des zéros celles qui manquent), et de mettre une virgule à la droite du chiffre des unités principales.

D. Démontrez-cela ?

R. Les nombres suivants 3 hectomètres, 4 décamètres, 6 mètres, 7 décimètres, et 1 centimètre, exprimés en décimales du décamètre donneront 34 décam., 671.

5 décamètres, 9 mètres, 2 décimètres, 9 centimètres et 6 millimètres exprimés en décimales du mètre, donneront 59 m., 296.

4 kilomètres, 2 décamètres et 7 mètres exprimés en décimales du kilomètre, donneront 4 kilom., 027, en ayant soin de remplacer les hectomètres par un 0.

On voit qu'il suffit de transporter la virgule à la droite du chiffre des unités que l'on veut prendre pour unités principales, en ayant soin de mettre un zéro pour le chiffre de chaque espèce d'unité métrique qui manque.

Exercices sur les mesures de longueur.

Q. 12. Posez six mètres douze décimètres, + quatre mètres trente décimètres, + vingt cinq décimètres, + quarante mètres six centimètres, + quatre mètres douze centimètres, + quarante centimètres, + trois cent un centimètres.

Q. 13. Posez huit millimètres, + six mètres sept cent centimètres, + trois mille neuf cent millimètres, + huit mètres six décimètres, + six cent mètres huit décimètres quarante centimètres trente millimètres, neuf cent centimètres trente un mille dix millimètres.

D. Comment désigne-t-on les mesures agraires ?

R. L'unité s'appelle Are qui est formé de cent mètres carrés. Cette mesure a comme les autres ses multiples et ses diviseurs. On n'emploie guère que l'hectare pour désigner 100 ares et le centiare qui donne le mètre carré. Tout ce que nous avons dit au sujet du *mètre* s'applique parfaitement à l'*are*. Ils ne diffèrent que dans l'emploi, le mètre servant à mesurer les longueurs proprement dites, et à désigner les longueurs itinéraires, l'are n'étant employé que pour la mensuration des propriétés foncières.

D. Figurez-nous le mètre carré ?

R. Le voici :

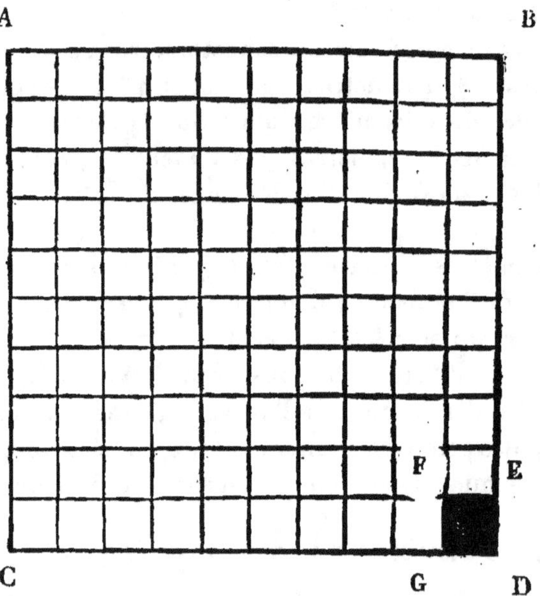

Comme on le voit, le mètre carré A B C D se divise en cent décimètres carrés ; le décimètre carré F E G D contenu dans le mètre carré, se divise en cent centimètres carrés ; d'où il s'en suit que, si l'on multiplie les cent centimètres carrés contenus dans le décimètre carré par les cent décimètres carrés, contenus dans le mètre carré, celui-ci se trouvera divisé en dix mille centimètres carrés et en un million de millimètres carrés, etc. En suivant cette progression.

D. Rappellez l'application du mètre employé pour les mesures agraires ?

R. Une surface carrée qui a dix-mètres de côté, contient cent mètres carrés. C'est ce qu'on appelle *are*. L'are est comme nous l'avons dit l'unité des mesures de surface.

Une surface carrée qui aurait cent mètres de côté, contiendrait cent ares, ou dix-mille mètres carrés : c'est ce qu'on appelle *hectare*.

Une surface carrée d'un mètre de côté, s'appelle *centiare*, ou mètre carré ; le centiare est donc la centième partie de l'are.

Une surface carrée d'un décimètre de côté, s'appelle *milliare*, le milliare est cent fois plus petit que le centiare.

D. Que remarquez-vous au sujet de l'are ?

R. C'est que, quoique l'are ait les mêmes multiples et sous-multiples que les autres mesures du système métrique, on n'emploie que les mots : hectare, are et centiare, parce que ces mesures étant assujetties à la condition du carré, les côtés ne peuvent être exactement exprimés en chiffres décimaux.

D. Comment faut-il poser et additionner cette partie du système métrique ?

R. Absolument comme il a été dit pour les mètres.

Q. 14. Posez 1° Trois cent dix hectares soixante-quatre ares cinquante six centiares. 2° Seize mille trente-trois ares deux centiares. 3° huit mille hectares, quinze ares, quatre vingt-deux centiares. 4° Quarante cinq mille soixante-neuf ares douze centiares.

Q. 15. 1° Soixante deux hectares vingt cinq centiares. 2° Huit milliares, douze centiares. 3° Vingt-deux hectares, trois ares. 4° Vingt mille hectares, huit ares, deux centiares.

D. Quelle est l'unité des mesures de capacité ?

R. C'est le *litre*, qui vaut un décimètre cube ; il s'emploie pour mesurer les grains, les légumes secs et tout ce qui est liquide ou coulant, tel que le vin, l'huile, etc. L'ancienne mesure de capacité était la *pinte*, le *pot*, le *setier*, etc. Le décalitre de blé pèse environ 8 kilogrammes.

D. Faites-nous connaître les multiples et les diviseurs du litre ?

R. Les multiples du litre sont :

Le décalitre qui vaut 10 litres

L'hectolitre   —   100 litres.

Le kilolitre   —   1000 litres.

Le litre (unité)

Le décilitre 10ᵉ du litre.

Le centilitre 10ᵉ du décilitre ou 100ᵉ du litre.

D. Donnez quelques détails sur la forme, la matière et l'usage de ces mesures ?

fig. 1.

R. Nous citerons en premier lieu l'hectolitre pour les liquides, il doit être en cuivre, en tôle ou en fonte, il a 233 millimètres 5 dixièmes de profondeur et de diamètre fig. 1. 2° Le litre pour mesurer le vin, il appartient à la seconde classe, il est en étain ; son diamètre est de 86 millimètres, et sa profondeur est le double. Fig. 3. Dans la troisième classe, les mesures sont en fer blanc ; on s'en sert pour mesurer l'huile et le lait ; leur profondeur est égale au diamètre. Fig. 4. Viennent enfin, les mesures pour les grains et légumes dont la profondeur est égale à l'intérieur ; elles sont en bois de chêne.

fig. 2.

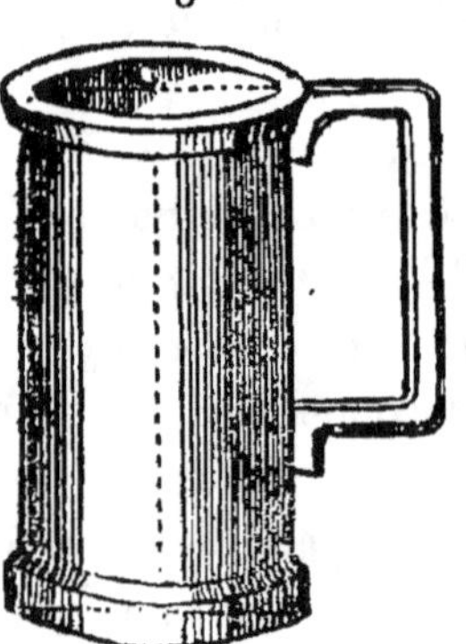

fig. 3.

fig. 4.

D. Comment écrit-on en chiffres une capacité exprimée en hectolitres, décalitres, litres et décilitres ?

R. Il faut, comme nous l'avons dit, pour les mètres, ce qui d'ailleurs s'applique à toutes les nouvelles mesures, aux poids, à la monnaie, écrire de gauche à droite, à la suite les uns des autres, les chiffres qui représentent ces diverses espèces d'unités en commençant par les plus hautes, et mettre une virgule à la droite du chiffre qui représente les unités principales.

Exercices sur les mesures de capacité.

Q. 16. Posez neuf hectolitres cinquante litres, + soixante et quinze hectolitres, deux décalitres, + mille sept hectolitres, douze litres, + dix kilolitres, six centilitres, + un kilolitre seize litres, + vingt-deux décalitres, trente-six litres, + quatre-vingt-cinq litres sept décilitres, + vingt-sept litres neuf centilitres.

Q. 17. Posez 846 hectolitres 9 litres; + 4524 hectolitres 12 litres; + 6436 hectolitres 2 litres; + 9208 hectolitres 56 litres; + 768 hectolitres 67 litres; + 2473 hectolitres 49 litres; + 2345 hectolitres 43 litres; et enfin 3214 hectolitres 30 litres.

Q. 18. Posez 4 hectolitres 62 litres 35 centilitres; + 3 hectolitres 24 litres 80 centilitres; + 2 hectolitres 88 litres 95 centilitres.

Q. 19. Posez 45 litres 55 centilitres; + 48 litres 65 centilitres; + 52 hectolitres 65 centilitres.

Q. 20. Posez de 555 hectolitres 9 décalitres : + 450 hectolitres 5 décalitres; + 786 hectolitres 5 décilitres.

D. Faites-nous connaître les nouveaux poids?

R. L'unité principale s'appelle *gramme*, ce poids est égal à un centimètre cube d'eau distillée.

D. Combien distingue-t-on de sortes de poids ?

R. Deux sortes, ceux qui sont fabriqués en fonte de fer et ceux qui sont fabriqués en cuivre; leur forme est différente.

D. Faites-nous connaître les poids en fonte de fer?

R. En voici le tableau et l'indication de leur forme.

TABLEAU DES POIDS EN FONTE DE FER.

NOMS DES POIDS.	LEUR VALEUR EN GRAMMES.	Abréviations écrites sur le haut de ces poids.	
5o kilogram.	5o,000 gr.	5o kilog	
20 kilogram.	20,000	20 kilog	fig. 7.
10 kilogram.	10,000	10 kilog	
5 kilogram.	5,000	5 kilog	
doub. kilogr.	2,000	2 kilog	
kilogramme.	1,000	1 kilog	
demi kilogr.	500	5 hectog	
doub. hectog.	200	2hectog	
hectogramm.	100	1hectog	
demi-hectog.	5o	demi hectog	

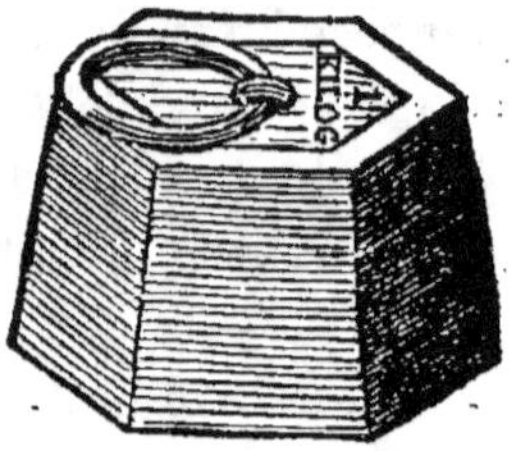

D. Donnez-nous le tableau et la forme des poids en cuivre ? R. Le voici :

NOMS DES POIDS.	INDICATIONS ÉCRITES SUR LES POIDS.	
5 kilogrammes.	5 kilogra.	
double kilogr.	2 kilogra.	
kilogramme.	1 kilogra.	
demi kilogram.	5oo gram.	
double hectogr.	200 gram.	
hectogramme.	1oo gram.	
demi hectogr.	5o gram.	
double décagr.	20 gram.	
décagramme.	10 gram.	
demi décagr.	5 gram.	
double gramme.	2 gram.	
gramme.	1 gram.	

D. Quelle est la forme des poids d'un demi gramme et au dessous ?

R. Les poids d'un demi gramme et au dessous sont des lames de cuivre minces et carrées ; voyez les figures 9 et 10 dans le tableau ci-après.

Ces poids servent principalement à peser les choses précieuses, comme les matières d'or et d'argent, les diamans, etc., on les emploie aussi dans la pharmacie, etc.

TABLEAU

DES POIDS EN LAMES DE CUIVRE CARRÉES.

NOMS DES POIDS.	INDICATIONS QU'ILS PORTENT	
demi gramme.	5 décigr.	
double décigram.	2 décigr.	
décigramme.	1 décigr.	
demi décigram.	5 C. G.	fig. 9.
double centigr.	2 C. G.	
centigramme.	1 C. G.	
demi centigram.	5 M. G.	
double milligr.	2 M.	fig. 10.
milligramme.	1 M.	

D. Ne trouve-t-on pas des poids en cuivre d'une forme différente.

R. Oui, il existe de ces poids dans la forme des godets, qui s'empilent les uns dans les autres, et dont le plus grand est une boîte qui les renferme tous. Chaque série forme un poids d'un kilogramme et chaque pièce correspond à l'un des poids cylindriques.

10 grammes.

1 gramme.

D. Quel instrument emploie-t-on pour faire usage de ces poids.

R. On se sert surtout de la balance qui est une bascule à bras égaux, dans les bassins de la quelle on met d'un côté le poids et de l'autre l'objet que l'on veut peser, on se sert aussi d'autres machines reposant par leur milieu sur un axe, un essieu, de manière à pouvoir osciller librement jusqu'à se mettre en équilibre, soit que l'essieu la divise en deux bras égaux comme le fléau d'une balance, soit que l'un des deux bras se trouvent plus long l'un que l'autre comme dans la *Romaine*.

Exercices sur les mesures de poids.

Q. 21. Posez cent cinq myria six hecto trois déci deux milli + trente mille six kilos deux cent deux unités quarante-cinq milli + quatre mille quatre cent déca trente-cinq centi + soixante mille deux cent vingt cent unités sept déci, trente trois milli.

Q. 22. Posez six mille douze myria trente-quatre déca trois cent vingt-cinq milli + trois mille quatre cent six kilo cinq cent trente unités trois centi + cinq mille soixante huit hecto trente-cinq milli + vingt mille cinq déca sept déci.

Q. 23. Posez quarante-cinq mille huit cent soixante-six hecto trente-cinq unités deux cent quatre-vingt-douze milli trois cent quarante mille déca trois déci + deux mille soixante et dix-neuf kilo vingt-quatre unités un centime.

Mesures de volume ou de solidité.

D. Qu'appelle-t-on mesures de solidité ?

R. Ce sont celles dont on se sert pour mesurer l'étendue considérée sous les trois dimensions, longueur, largeur, et hauteur.

Ces mesures se divisent en deux classes, savoir :

1º Les mesures de solidité proprement dites.

2º Les mesures pour le bois de chauffage.

D. Faites-nous connaître ces mesures ?

R. Nous parlerons d'abord de ces dernières.

L'unité des mesures pour le bois de chauffage est le stère, solide qui égale un mètre cube.

D. Quels sont les multiples du stère ?

R. Le stère n'a qu'un multiple qui est le décastère, mesure de dix stères. On compte le stère avec les nombres ordinaires ; ainsi on dit : 40 stères, 100 stères ; on dit même 10 stères préférablement à un décastère.

D. Quels sont les sous-multiples du stère ?

R. Le stère n'a aussi qu'un seul sous-multiple qui est le décistère, mesure qui égale un dixième de stère et qui par cela même se place immédiatement à la droite des unités. Ainsi 13 stères 7 décistères se posent ainsi : 13,7

D. Quelles sont les mesures effectives pour le bois de chauffage ?

R. Les mesures effectives pour le bois de chauffage sont au nombre de trois, savoir :

2º Le demi décastère, mesure de cinq stères ;

2º Le double stère, mesure de deux stères ;

3º Le stère, mesure d'un mètre cube.

D. Quelle est la forme de ces mesures ?

R. Ces mesures sont des chassis dont la solive du bas
A B appelée sole doit toujours avoir :

pour le demi-décastère   5 mètres.
pour le double-stère   2 mètres.
pour le stère   1 mètre.

D. Quelle est la hauteur des chassis de ces diverses
mesures.

R Cette hauteur indiquée dans la gravure par les lettres C D varie suivant la longeur des buches. Si elles ont
un mètre, la hauteur des montans sera d'un mètre pour
les trois mesures. Si les buches ont un mètre 14 centimètre de long comme il est d'usage à Paris, la hauteur des
montans sera de 88 centimètres pour les trois mesures de
manière que le produit des trois dimensions soit : 5
stères, 2 stères ou 1 stère, ainsi des autres.

Exercice sur les stères.

Q. 24. Posez trente stères un décistètre + quarante-un
stères six décistères + soixante et douze stères neuf décistères + trois stères six décistères + cent soixante-trois
stères deux décistères.

Mesures monétaires.

D. Faites-nous connaître la nouvelle monnaie ?

R. Le franc est l'unité ou l'entier ;

Le franc ne se lie à aucun des mots multiples ; on le
compte avec les nombres ordinaires ; on dit 10 francs,
100 francs et non déca-franc, hecto-franc, kilo-franc.

Il se divise en dixièmes, centièmes et millièmes,
mais au lieu de dire décifranc, centifranc, millifranc,
on dit décime, centime, millième. Ainsi le franc égale
10 décimes, ou 100 centimes, ou 1000 millièmes.

On écrit les francs au rang des unités, les décimes,
au rang des dixièm., et les cent. au rang des centièmes etc.

Exemples.

Francs	Décimes	Centimes	Millièmes
240 632,5	3	8	
62 704,8	4	0	
8 973,3	5	8	
208,6	0	4	
72,0	5	0	

Deux cent quarante mille six cent trente-deux francs
(cinq décimes, trois centimes, huit millièmes), ou cinq
cent trente-huit millièmes, etc.

Seconde ligne. Soixante-deux mille, sept cent, etc.

Remarque. On ne se sert pas des millièmes dans les
comptes, mais il est nécessaire que les élèves les con-
naissent ; c'est pour cela que l'on en fait usage ici.

Monnaies effectives.

D. Quelle est la série des pièces de monnaies ?

R. La série des pièces de monnaie, se compose de 11
pièces dont la valeur et le poids sont indiqués dans le
le tableau suivant.

Tableau des pièces de monnaie légales en circulation.

Pièces en or.		POIDS. gr. centig.
2 en or. {	40 francs.	12,9632
	20.	6,4516
Pièces en argent. {	5,	25,
	2,	10,
	1,	5,
	1/2 demi fr.	2,50
	1/4 quart de f.	1,25
1 en billion, 10 centimes.		2,
3 en cuivre. {	décime.	20,
	5 centimes.	10,
	1 centime.	2.

TABLEAU

Récapitulant les poids et mesures du système métrique.

MESURES DE LONGUEUR.

myriamètres.	kilomètres.	hectomètres.	décamètres	mèt. ou unités	décimètres	centimètres	millimètres
4	3	9	7	5,	6	2	4

MESURES AGRAIRES.

L'*are* ne reçoit qu'un multiple, qui est l'hectare. Ainsi on compte par ares jusqu'à cent ; ensuite par hectares, dizaines, etc.

hectares	ares	déciares	centiares	mill-ares
8	2,	3	2	9

MESURES DE CAPACITÉ.

myrialitres	kilolitres	hectolitres	décalitres	litres , unités	décilitres	centilitres	millilitres
8	4	3	9	8,	7	3	9

POIDS

OU

MESURES DE PESANTEUR.

myriagrammes	kilogrammes	hectogrammes	décagrammes	grammes, unités	décigrammes	centigrammes	milligrammes
3	2	9	6	4,	2	8	5

MESURES DE SOLIDITÉ.

Le *franc* et le *stère* ne reçoivent aucun multiple. Ainsi on dit dix francs, dix stères ; cent francs, cent stères, etc.

stères	décistères	centistères	millistères
3,	9	5	6

MONNAIE.

francs	décimes	centimes	millimes
4,	3	6	7

D. Pourquoi placez-vous des virgules parmi ces chiffres?

R. C'est pour séparer les petites parties de l'unité. Chacune de ces mesures est dix fois plus grande que celle qui la suit, et dix fois plus petite que celle qui la précède immédiatement: il faut se rappeller qu'un hectomètre vaut dix décamètres, et un mètre est dix fois plus petit que le décamètre, ainsi des autres.

D. Que faut-il observer pour apprendre à bien poser selon le calcul décimal?

R. Il faut premièrement: savoir par cœur les noms et les termes employés pour indiquer les nouveaux poids et mesures. Secondement: bien distinguer les colonnes auxquelles ils appartiennent; on apprend à les distinguer en répétant sur la même ligne des chiffres les noms et les termes désignés dans le tableau ci-dessus.

DES DÉCIMALES.

—

D. Qu'appelle-t-on *décimales*?

R. On appelle *décimales* des parties dix fois, cent fois, mille fois etc., plus petites que l'*unité*, et qui sont successivement de dix en dix fois plus petites les unes que les autres. Les chiffres qui les représentent se nomment chiffres *décimaux*; le premier chiffre à droite de l'*unité* représente des *dixièmes*, le second des *centièmes*, le troisième des *millièmes*, etc.

D. Quels noms donne-t-on à ces parties?

R. *Dixième* ou *déci*, centième ou *centi*, millième ou *milli*, etc.

D. Pourquoi appelle-t-on les parties décimales *dixièmes*, *centièmes*, *millièmes*, etc.

R. On appelle *dixièmes* les parties contenues dix fois dans l'unité; les dixièmes de dixièmes se nomment *centièmes* parce qu'ils sont contenus cent fois dans l'unité; les dixièmes de centièmes se nomment *millièmes* étant contenus mille fois dans l'unité; les millièmes se divisent aussi en dixièmes et centièmes de millièmes, etc. Voyez le tableau de numération, *page 9.*

D. Expliquez-nous par un exemple la formation des *décimales?*

R. Si l'on divise une orange en dix parties égales, l'on aura des *dixièmes,* c'est-à-dire dix fois plus petites que l'*unité,* qui est ici l'orange : si on la divise en cent l'on aura des *centièmes;* il en serait de même si, au lieu d'une orange, on prenait un *mètre,* un *litre,* un *gramme,* un *franc,* etc.

D. Si l'on avait à écrire plusieurs nombres d'une même espèce de quantité les uns sous les autres, faudrait-il répéter le nom des unités ?

R. Non, il suffirait de le mettre à la première ligne ; la virgule le remplacerait pour les lignes suivantes ; mais il faut apporter une grande attention à placer la virgule après les unités pour les distinguer des décimales. On ne saurait l'omettre sans s'exposer à faire des erreurs de comptes assez considérables en confondant les unités avec les décimales.

D. Change-t-on la valeur des *chiffres décimaux* en écrivant des zéros à leur suite?

R. Pourvu que la virgule qui sépare les nombres entiers des *chiffres décimaux* ne soit pas déplacée, les zéros, en quelque nombre qu'on les écrive à la suite des décimales n'en changent point la valeur ; par exemple 0,5 *dixièmes* ou 0,50 *centièmes,* ou 0,500 *millièmes* ont chacun la même valeur, et sont égaux chacun à la moitié de l'unité ou à 0,5 dixièmes.

Dans certains cas, il faut ajouter des zéros à la gauche des chiffres pour tenir la place des petites parties dont la colonne est vacante.

DE L'ADDITION.

1re LEÇON.

De l'Addition en général, et petit livret pour apprendre à additionner.

D. QU'EST-CE que l'Addition ?

R. L'addition est une opération par laquelle on réunit plusieurs nombres de même espèce, en un seul que l'on appelle somme ou total.

D. Que faut-il observer pour pouvoir additionner facilement ?

R. Il faut s'exercer à bien compter, et apprendre par cœur le petit livret suivant :

PETIT LIVRET

POUR FACILITER L'ADDITION.

2	et	4	font	6	12	et	2	font	14
4	et	6		10	12	et	3		15
6	et	8		14	12	et	4		16
					12	et	5		17
2	et	3		5	12	et	6		18
3	et	4		7	12	et	7		19
4	et	5		9	12	et	8		20
5	et	6		11					
6	et	7		13	14	et	2		16
7	et	8		15	14	et	4		18
8	et	9		17	14	et	6		20
					16	et	2		18
					16	et	4		20

D. Que faut-il observer encore?

R. Pour ajouter ensemble plusieurs nombres, il faut écrire les nombres les uns sous les autres, de manière que les unités soient sous les unités, les dizaines sous les dizaines, les centaines sous les centaines, etc., ensuite après avoir tiré un trait au dessous, on prend successivement la somme des unités, des dizaines, etc.

2ᵉ LEÇON.

Addition des nombres simples.

D. Par où faut-il commencer l'addition ?

R. Par la colonne des chiffres qui sont à la droite.

D. Pourquoi faut-il commencer par la droite ?

R. Afin de porter les dizaines qui proviennent de l'addition des unités, à la colonne des dizaines, et les centaines qui proviennent de la colonne des dizaines à la colonne des centaines, et afin de porter les entiers qui se trouvent dans l'addition des parties de la plus petite espèce, avec les entiers de la colonne qui suit.

Question 25. Augustine a reçu 36 amandes sucrées, plus 24, plus 39, plus 8; combien en a-t-elle en tout ? Posez ces nombres comme il suit ; observez les préceptes donnés, et vous trouverez que la réponse est 107.

Opération.

```
  36
  24
  39
   8
```
Total. 107

Q. 26. Une personne doit les trois sommes suivantes : 416 fr., plus 584, plus 652 ; combien doit-elle en tout ?

Opération.

```
 416
 584
 652
```
Total 1652

Preuve. 110

Explication. Je pose d'abord les nombres les uns sous les autres et je commence par additionner les unités, en disant : 6 et 4 font 10 et 2 font 12. En 12 unités, il y a une dizaine et 2 unités ; je pose 2 unités, et je retiens une dizaine pour la porter au rang des dizaines. A la seconde colonne qui est celle des dizaines, je dis : 1 de retenu et 1 font 2 et 8 font 10 et 5 font 15. En 15 dizaines, il y a une centaine et cinq dizaines ; je pose 5 au rang des dizaines et je retiens une centaine. Je passe à la troisième colonne en disant : 1 de retenu et 4 font 5 et 5 font 10 et 6 font 16 ; je pose 6 au rang des centaines et j'avance 1 au rang des mille et j'ai 1652 qui est le nombre cherché.

Il est évident que la somme sera égale à tous les nombres qu'on ajoute, parce qu'elle est formée de toutes les unités, dizaines, centaines, etc. que ces nombres comprennent.

D. Comment fait-on la preuve de l'addition ?

R. On commence par la gauche, on ôte le total de chaque colonne du nombre qui est au dessous, on pose le reste sous ce nombre pour le joindre avec le chiffre qui répond à la colonne suivante, et on continue ainsi jusqu'à la dernière colonne. S'il vient zéro sous la dernière c'est une preuve que la règle est bien faite.

D. D'où vient qu'il se trouve un reste en additionnant la seconde fois ?

R. C'est qu'en commençant cette seconde addition par la gauche, on retrouve les dizaines que l'on a retenues et rapportées d'une colonne à l'autre en additionnant la première fois ; ce sont ces dizaines qui restent après l'addition et soustraction de chaque colonne. Comme on n'a rien rapporté à la première colonne, nécessairement il ne doit point y avoir de reste, et la preuve doit se terminer par un zéro.

D. Quel moyen emploie-t-on lorsqu'on a de longues additions à faire.

R. On peut, pour plus de facilité, poser un point à chaque dizaine que l'on rencontre en additionnant, et compter, quand on est au bas de la colonne, le nombre de points qui sont autant de dizaines retenues pour les porter à la colonne suivante.

Addition de la monnaie.

Q. 27. Je devais à quatre particuliers : au premier 345 francs 75 cent. , au second 17 francs 50 centimes au troisième 87 francs 60 cent. ; au quatrième 8 fr. ; après les avoir payés , il m'est resté 9, quelle somme avais-je avant de payer mes dettes ?

Opération.

345	75
17	50
87	60
8	
9	

Total.	467	85
Preuve.	131	00

La colonne des centimes étant distincte des francs , on opère comme s'il ne s'agissait que d'une sorte de valeur, en ayant seulement l'attention de séparer les centimes des francs.

3ᵉ LEÇON.

Addition des nouveaux poids et mesures.

Remarque. Il faut se rapeler que dans le sytème décimal les poids et mesures , la monnaie , s'écrivent toujours de la même manière ; les multiples , et les sous - multiples étant toujours des dizaines.

Q. 28. Un marchand de bois a fait venir dans son chantier les stères de bois suivans :

Lundi	468 stères	69 centistères.
Mardi	264	45
Jeudi	520	04
Samedi	954	48
Total.	2207	66
Preuve.	211	20

Q. 29. Un orfèvre vient d'acheter quatre lingots d'argent, dont le premier pèse 2 kilog. 7 gram.; le second 5 kilog. et 39 gram.; le troisième 4 kilog. 548 gram , et le quatriè-me 3 kilog. 9 gram. : combien cela fait-il en tout ?

Nous avons dit qu'il fallait remplir par des zéros les vides des colonnes vacantes ; il faut donc opérer ainsi ;

Opération.

$$
\begin{array}{r}
2\ 007 \text{ grammes.} \\
5\ 039 \\
4\ 548 \\
3\ 009 \\
\hline
\end{array}
$$

Total. 14,603 gr.

Preuve. 130

D. Si on avait à opérer sur des nombres avec des frac-tions qui ne seraient pas décimales comme s'il s'agissait d'années , de mois, de jours, d'heures , de minutes de-secondes comment faudrait-il faire ?

R. Il faudrait poser chaque objet séparément sur une même colonne , en se rappellant la valeur numérique qu'il représente. Ainsi l'année étant composée de douze mois , le mois de trente jours, le jour de 24 heures, l'heure de soixante minutes , et la minute de soixante secondes j'opérerais , ainsi pour savoir le nombre total des nombres qui suivent.

6 ans	2 mois	19 jours	4 heures	50 minutes	30 s.
12 —	4 —	11 —	6 —	10 —	12
17 —	11 —	8 —	1 —	2 —	18
3 —	6 —	2 —	20 —	15 —	1

Et je dis en commençant par la droite 30 et 12 font 42 et 18 font 60 et 1 font 61 secondes. En 61 secondes je trouve une minute et 1 seconde ; je pose la seconde et retiens la minute que je pose à la colonne suivante, et ainsi vous continuez votre addition jusqu'à la fin.

*

Problèmes sur l'Addition.

Q. 30. Quel est le total des sommes suivantes ; **six cent quatre unités** ; plus, huit cent dix ; plus, trois cent trente-trois ; plus, mille deux cent vingt-six ; plus, trois mille quatre ; plus, quatre mille quatre ?

Q. 31. Une personne doit les trois sommes suivantes : 428 fr. ; 635 fr. 874 francs : combien doit-elle en tout ?

Q. 32. Quel est la somme totale de quatre mille six cent quarante-deux unités ; plus, six mille neuf cent quinze ; plus, mille vingt-quatre ; plus, neuf mille deux cent dix-neuf ?

Q. 33. Un détaillant a vendu du café à quatre de ses pratiques à la première, 27 kilos. 3 hectos, à la seconde 154 kilos 5 hectos, à la troisième 228 kilos et à la quatrième 96 kilos 9 hectos. Combien en a-t-il vendu en tout ?

Q. 34. Un marchand d'huile en a vendu pendant trois jours, le premier jour 849 litres 64 décilitres, le second jour 711 l. 85 décilitres et le troisième jour 326 l. 12 décilitres seulement. Quelle quantité en a-t-il vendu en tout ?

Q. 35. J'ai acheté quatre pièces de vin, la première contient 7 hectolitres, la seconde 38 décalitres, combien cela fait-il de litres en tout ?

Q. 36. Un fabricant a vendu quatre pièces d'étoffe, dont la première contenait 30 mètres 2 centimètres, la seconde 60 mètres 4 décimètres, la troisième 79 mètres 38 millimètres, et la quatrième 33 mètres et 8 centimètres. Quel est le total du contenu de ces quatre pièces ?

Q. 37. J'ai demeuré à Paris jusqu'à l'âge de 17 ans 7 mois 11 jours ; j'ai demeuré à Lyon 18 ans 6 mois 10 ours ; à Marseille 21 ans 11 mois 29 jours : quel est mon âge ?

Q. 38. J'affermais la maison que j'habite, à Mr Marcel ; il y est demeuré 2 ans 7 mois 8 jours ; sa fille aînée y est resté 1 an 3 mois et 15 jours ; son gendre, 1 an 4 mois 20 jours ; le père paye pour tous : combien me doit-il de temps ?

Q. 39. Je dois à un boulanger 9 fr., à un marchand drapier 84 francs, à un autre 7 fr. 35 centimes, à un cordonnier 9 fr. 75 c. : combien me faut-il pour payer toutes ces dettes ?

Q. 40. Un particulier voulant faire une emplette n'avait que 8 fr. 456 millièmes ; il emprunta à une personne 25 fr. 36 c., et à une autre 359 fr. 4 décimes : quelle fut la somme totale ?

Q. 41. Une personne doit les trois sommes suivantes ; 8550 fr., + 358 fr., et enfin 9589 fr. : combien doit-elle en tout ?

Q. 42. Le receveur d'une petite ville a dans sa caisse les sommes suivantes ; 654 fr. en or, 759 fr. en argent, et 1430 fr. en billets ; combien a-t-il en tout ?

Q. 43. Une servante vient du marché où elle a acheté pour 3 fr. 75 c. de beurre, pour 4 fr. 60 c. de fromage, pour 4 fr. 35 c. de pommes, pour 3 fr. 15 c. de légumes ; combien a-t-elle dépensé ?

Q. 44. On a dépensé 21 francs pour acheter des fruits, 75 c. pour du pain, 60 c. pour du café, 50 c. pour du lait, et 80 c. pour des légumes ; combien a-t-on dépensé de fr. et de centimes?

Q. 45. Quel est le total de six cents unités ; + huit cent vingt-trois ; + cinq cent un ; + quarante-neuf; + neuf cent quatre ; + sept cent cinquante-neuf; + deux cent quinze, et cinq cent cinquante-cinq?

Q. 46. Un paysan qui portait des œufs au marché, en a cassé 3 en chemin, il en a vendu 94, en a donné 5 à ses pratiques, et il lui en reste encore 8 : combien en avait-il lorsqu'il est parti de chez lui?

Q. 47. Trois capitalistes ont formé une société, ils ont apporté l'un 64,954 fr., l'autre 42,525 fr. le troisième enfin 38,660 fr. : quelle est la somme commune?

Q. 48. Un jeune homme dépense chaque année 650 fr. pour sa nourriture, 328 fr. pour son logement, 172 fr. pour son habillement, 140 pour ses frais d'entretien, 250 fr. pour ses menus plaisirs, de plus il fait à un vieux parent une pension de 410 fr. et le tout compté, ses revenus sont dépensés en entier, quel en est donc le chiffre?

Q. 49. La gouvernante vient du marché ; elle a acheté pour 2 fr. 80 c. de beurre ; 2 fr. 40 c. de fromage ; 1 fr. 80 c. de pommes, et pour 2 fr. du jardinage : combien a-t-elle dépensé ?

Q. 50. Pierre vient de faire un voyage de quatre jours : le premier jour il a dépensé 9 fr ; le second jour 7 francs 50 centimes ; le troisième 5 fr. 65 centimes ; le quatrième 8 fr. 70 cent. ; combien a-t-il dépensé pour ce voyage ?

Q. 51. Un marchand ayant acheté dans une foire pour 645 fr. de marchandises, et payé 7 francs 90 cent. de droit, il eut encore 357 francs de reste, après avoir ôté 9 fr. 85 cent. pour sa dépense personnelle : combien avait-il porté d'argent à la foire ?

Q. 52. Un confiseur a vendu le lundi pour 45 fr. 60 c. le mardi pour 38 fr. 15 c. le mercredi pour 53 f. 75 c. le jeudi pour 64 fr. 10 c. le vendredi pour 28 fr. 95 c. le samedi pour 33 fr. 30 c. et le dimanche pour 92 fr. 05 c. Quel est le total de sa recette ?

DE LA SOUSTRACTION.

1.re LEÇON.

Soustraction de la monnaie.

D. QU'EST-CE que la Soustraction ?

R. C'est une opération par laquelle on retranche un nombre d'un autre nombre de même espèce, pour connaître de combien le plus grand surpasse le plus petit ; cette différence s'appelle reste.

D. Comment se fait la preuve de la soustraction ?

R. En additionnant la plus petite quantité avec ce qui reste ; si le produit de l'addition est égal à la plus grande quantité, la règle est juste.

Exemple.

Q. 53. Un particulier devait la somme de 785 fr. il a payé 423 francs : combien doit-il encore ?

Opération.

Doit.	785 francs.
Payé.	423
Reste.	362
Preuve.	785

Remarque. Lorsque le chiffre inférieur se trouve plus grand que le chiffre supérieur, on ajoute à celui-ci dix unités que l'on emprunte par la pensée sur le chiffre voisin à gauche, lequel doit pour cette raison, être regardé, comme moindre d'une unité ; il ne faut jamais emprunter sur les zéros, mais sur la prochaine figure qui les précède immédiatement, et ayant emprunté une dizaine sur les zéros, autant de zéros qui sont après vaudront autant que 9.

Exemple.

Q. 54. Un négociant devait une somme de 90,007 francs ; combien devra-t-il encore après avoir payé 36,429 francs?

Opération.

On doit	90,007
On a payé	36,429 fr.
Réponse :	53,578 francs.

Je dis : 9 ôtez de 7, ne peut ; j'emprunte sur le 9, 1 qui vaut 10 mille ; j'en laisse 9 sur le zéro qui est sur la colonne des unités de mille ; il me reste 1 mille, qui vaut 10 cents ; je laisse 9 cents, sur le zéro qui est sur la colonne des centaines ; il me reste 1 centaine, qui vaut 10 dizaines, je laisse 9 dizaines, sur la colonne des dizaines et il me reste 1 dizaine, qui vaut 10 unités, qui étant jointe au 7 font 17.

D'après cette opération tous les zéros doivent compter

pour 9 ayant emprunté sur le chiffre 9 qui précède les zéros , il ne vaut plus que 8. Je dis donc 9 ôtés de 17 , reste 8 , que j'écris dessous ; 2 ôtés de 9 , reste 7 ; 4 ôtés de 9 , reste cinq ; 6 ôtés de 9 , reste 3 ; 3 ôtez de 8 , reste 5. Il reste encore à payer 53,578 fr.

D. Ne se sert-on pas de la soustraction pour faire la preuve de l'addition.

R. Oui et pour cela on refait de nouveau l'addition sans compter la première somme, on place le premier total , on fait la soustraction , et si l'addition est juste, on retrouve la somme qui n'a pas été comptée dans la deuxième addition.

Exemple.

$$\begin{array}{r} 416 \\ \hline 584 \\ 652 \\ \hline 1652 \\ 1236 \\ \hline 416 \end{array}$$

D· Comment fait-on la *Soustraction* des nombres décimaux?

R. La *Soustraction* des nombres décimaux se fait comme celle des nombres entiers ; il faut seulement avoir l'attention d'écrire les décimales de même espèce les unes sous les autres ; c'est-à-dire les dixièmes sous les dixièmes , les centièmes sous les centièmes , etc. ; s'il manque quelque ordre de décimales à l'un des deux nombres, il faut le remplacer par des zéros , et avoir soin de séparer par la virgule , les nombres entiers des décimales.

Exemple.

Q. 55. De 2348 *unités* , on veut ôter 1846 unités 55 *centièmes.*

Opération.

$$\begin{array}{lr} & 2348 \,\text{»}\, 00 \\ & 1846 \,\text{»}\, 55 \\ \hline \text{Reste} & 501 \,\text{»}\, 45 \\ \hline \text{Preuve} & 2348 \,\text{»}\, 00 \end{array}$$

Je dis : 5 ôtés de 0 , ne peut ; j'emprunte 1 unité, sur le 8 et je dis 5 ôtés de 10 : reste 5 puis 5 ôté de 9 reste 4 — 6 ôté de reste un etc.

EXERCICES SUR LA SOUSTRACTION.

Nombres décimaux.

Q.56.—	de 846,025	ôtez 631,075	Reste	214,050
Q.57.—	900,052	842,041	R.	58,011
Q.58.—	8464,005	3651,028	R.	4812,977
Q.59.—	6045,075	4198,640	R.	1846,435
Q.60.—	4000,075	2706,005	R.	1294,070
Q.61.—	0,060	0,006	R.	0,054
Q.62.—	0,090	0,009	R.	0,081
Q.63.—	0,400	0,185	R.	0,215
Q.64.—	0,080	0,009	R.	0,071

Problémes sur la Soustraction.

Q. 65. Du nombre 749 on veut ôter 74 fr. 05 c. quel en sera le reste ? R. 674 fr. 95 c.

Q. 66. On compte 150,814 habitans à Lyon et 146,259 à Marseille ; quelle est la différence entre la population de ces deux villes ?

Q. 67. Un marchand avait dans sa banque 374 fr. 80 c. lorsqu'il en tira pour faire deux payemens l'un de 74 fr. 70 c. et l'autre de 8 fr. 38 c. ; dans ce même tems il vendit pour 19 fr. 45 c. de marchandise, qu'il mit dans sa banque : combien devait-il y avoir ?

Q. 68. On doit à un marchand 600 fr., après lui avoir payé 397 francs : combien lui devra-t-on ?

Q. 69. On a acheté un cheval pour 694 francs 35 centimes ; on l'a revendu 785 francs: combien a-t-on gagné ?

Q. 70. Un négociant a porté 60,000 francs 5 décimes à la foire de Beaucaire , et après avoir fait ses emplettes, il lui est resté 5674 fr. 9 décimes : combien a t-il employé d'argent à la foire ?

Q. 71. Un particulier vendit une maison 7959 fr. 36 c.,

(40)

laquelle lui avait couté 8009 francs 5 cent. : quel fut son gain ou sa perte ?

Q. 72. Je dois à mon boulanger 36 fr. 7 cent.; à mon boucher 36 francs 9 cent. ; je n'ai que 49 fr. 64 cent. pour payer : combien me manque-t-il ?

Q. 73. Je devais à un marchand de toile 36 francs 8 décimes, et après lui avoir fait un à-compte de 9 fr. 75 cent. il me livra de nouveau pour 8 fr. 64 c. de toile, à présent je lui donne 28 francs 5 déc. : combien lui devrai-je encore ?

Q. 74. Jacques devait 246 fr. 9 déc., et n'avait que 17 fr. 48 cent. ; il emprunta 140 francs 7 déc. à Jean, et Pierre lui prêta pour finir son paiement : combien lui prêta-t-il ?

Q. 75. Un père de famille avait trois enfans et 9000 fr. de bien qu'il leur donna. Il donna à l'aîné 4,258 francs, au cadet 3,146 francs, le plus jeune eut le reste ; quelle fut sa portion ?

Q. 76. Un marchand drapier m'a livré pour 243 fr. de drap, pour 56 francs de toile, et pour 8 francs de fil ; je lui ai donné à compte pour 9 francs de sucre, 6 francs 7 décimes de café, 4 fr. 36 centimes de poivre, et pour 3 francs 538 millièmes d'huile : combien lui dois-je encore ?

Q. 77. Sur une somme de 785 fr. 90 c., qu'on avait, on a pris 218 fr. pour payer le boulanger et 85 fr. pour payer le loyer : combien reste-t-il ?

Q. 78. Un homme en mourant laissa une succession de 12,000 fr.; il donna à l'Eglise 500 fr. aux pauvres 800 fr., il destina 1200 pour faire prier pour le repos de son âme, et ses héritiers eurent le reste ; combien reçurent-ils ?

Q. 79. Pierre ayant emprunté 240 francs, il paya 600 fr. qu'il devait et il lui resta 45 fr. : combien avait-il avant d'emprunter ?

Q. 80. Une personne devait 4830 francs ; elle en a payé 3542 fr. : combien doit-elle encore ?

Q. 81. Un particulier ayant reçu 2450 francs, il en a payé une dette de 987 fr. : combien lui reste-t-il ?

Q. 82. Pour avoir 3000 francs, combien faut-il ajouter à 897 fr?

2e LEÇON.

Soustraction des poids et mesures métriques.

Il sera bon que l'élève pour bien opérer sur ces règles, consulte le tableau des poids et mesures, *page 26.*

Q. 83. Un marchand avait 846 mètres et 8 décimètre de toile ; il en a vendu 682 mètres et 64 centimètres : combien lui en reste-t-il ?

Q. 84. Un orfèvre a vendu 480 grammes d'argent, il en a livré à l'acheteur 321 gram. et 74 centigram. : combien en doit-il livrer encore ?

Q. 85. Un marchand de bois avait dans son chantier 48,642 stères 48 centistères de bois ; il en a vendu 24,321 stères 24 centistère : combien lui en reste-t-il ?

Q. 86. Un père de famille a acheté pour habiller ses enfans une pièce d'étoffe de 30 mètres ; il en a fallu 7 mètres 9 décimètres pour l'aîné, 6 mètres 25 centimètres pour le cadet, et 4 mètres 8 décimètres pour le plus jeune ; combien lui en reste-t-il pour lui ?

Q. 87. Un fabricant a acheté une balle de coton pesant 175 kilogrammes : on lui a rabattu 63 hectogrammes de tare et 75 grammes de trait ou bon poids : combien en doit-il payer de net ?

Q. 88. Un aubergiste a acheté un tonneau de vin contenant 7 hectolitres ; il en a mis en bouteilles 38 décalitres, il en a vendu 154 litres et en a consommé 19 litres : combien doit-il en rester dans le tonneau ?

Q. 89. Sur un terrain de trente ares, on a fait un verger de 9 ares, un jardin de 5 ares et 4 déciares : un parterre de 5 ares et 5 déciares : le reste est destiné pour y construire un château de 4 ares et 56 centiares. quelle sera la superficie de la cour ?

Exercices sur la Soustraction des nombre qui n'appartiennent pas au système décimal.

(Voyez ce que nous avons dit à ce sujet à l'addition de mêmes nombres page 34.)

Q. 90. Joséphine dit quelle est née l'an 1813 le 15 septembre : aujourd'hui 1842 , le 23 août ; quel est son âge ?

Q. 91. Mademoiselle Louise est entrée en pension le 15 mars 1828 , elle en est sortie le 24 juillet 1831 : combien a-t-elle resté de temps ?

Q. 92. Une domestique est entrée chez moi le 20 juin 1829 , elle en est sortie le 15 mars 1832 : combien de temps est-elle resté?

Q. 93. Un contrat s'est passé le 20 mars 1802: combien s'est-il écoulé de temps jusqu'au 7 septembre 1838 ?

Q. 94. Un père est âgé de 69 ans 8 mois 15 jours ; son fils a 47 ans 11 mois 20 jours ; de combien le Père est-il plus âgé que le fils ?

DE LA MULTIPLICATION.

1re LEÇON

Où l'on apprend à compter par le moyen du Livret.

D. QU'EST-CE que la Multiplication ?

R. C'est une opération par laquelle on répète un nombre qu'on appelle multiplicande, autant de fois que l'unité est contenue dans un autre nombre appelé multiplicateur, pour avoir un résultat qu'on nomme produit.

Ainsi multiplier 6 par 4 , c'est répéter 6 quatre fois etc.

Le multiplicande et le multiplicateur se nomment encore *facteurs de la multiplication* ou du produit.

La multiplication des nombres simples ne demande aucune règle, il faut en acquérir la facilité par l'habitude de
la table suivante attribuée à Pythagore, ou mieux encore
par la connaissance parfaite du petit livret.

TABLE DE PYTHAGORE.

1	2	3	4	5	6	7	8	9
2	4	6	8	10	12	14	16	18
3	6	9	12	15	18	21	24	27
4	8	12	16	20	24	28	32	36
5	10	15	20	25	30	35	40	45
6	12	18	24	30	36	42	48	54
7	14	21	28	35	42	49	56	63
8	16	24	32	40	48	56	64	72
9	18	27	36	45	54	63	72	81

D. Comment connait-on, si l'on possède bien le petit
livret ?

R. Pour s'assurer si on le sait bien, il faut le réciter 1°
depuis le commencement jusqu'à la fin ; 2° depuis la fin
jusqu'au commencement; 3° par partie en disant par la
première colonne : la moitié de 4 est 2, etc., jusqu'à la
fin de la colonne. A la seconde colonne, le tiers de 9 est
3, le tiers de 12 est quatre, etc., etc.,

Petit Livret ou Table de Multiplication.

2 fois	2	font	4
2	3		6
2	4		8
2	5		10
2	6		12
2	7		14
2	8		16
2	9		18
2	10		20
2	11		22
2	12		24
3	3		9
3	4		12
3	5		15
3	6		18
3	7		21
3	8		24
3	9		27
3	10		30
3	11		33
3	12		36
4	4		16
4	5		20
4	6		24
4	7		28
4	8		32
4	9		36
4	10		40
4	11		44
4	12		48
5	5		25
5	6		30
5	7		35
5	8		40

5 fois	9	font	45
5	10		50
5	11		55
5	12		60
6	6		36
6	7		42
6	8		48
6	9		54
6	10		60
6	11		66
6	12		72
7	7		49
7	8		56
7	9		63
7	10		70
7	11		77
7	12		84
8	8		64
8	9		72
8	10		80
8	11		88
8	12		96
9	9		81
9	10		90
9	11		99
9	12		108
10	10		100
10	11		110
10	12		120
11	11		121
11	12		132
12	12		144

Nul n'est bon chiffreur, s'il ne sait
son livret par cœur.

(45)

PETIT Livret de IX.

2 fois 9 font 18
3   27
4   36
5   45
6   54
7   63
8   72
9   81

Explication.

Je dis 2 ôtez 1 reste 1 que je pose à la seconde colonne ; je dis ensuite de 1 aller à 9 reste 8 que je pose à droite de la dizaine ; je vois alors que 2 fois 9 font 18 ; je dis ensuite, qui de 3 en ôte 1 reste 2, que je pose sous les dizaines, de 2 aller à 9 reste 7 que je pose sous les unités ; 3 fois 9 font 27, etc.

AVIS SUR LE GRAND LIVRET.

Le grand livret n'est propre que pour ceux qui ont une excellente mémoire ; mais il n'est pas nécessaire de le savoir par cœur pour apprendre l'arithmétique ; il suffit de savoir le petit livret jusqu'à 12 fois 12. On a mis le grand livret plutôt pour servir de comptes-faits que pour être appris.

GRAND LIVRET.

2	fois	13	font	26	4	fois	22	font	88
2		14		28	4		23		92
2		15		30	4		24		96
2		16		32					
2		17		34	5		13		65
2		18		36	5		14		70
2		19		38	5		15		75
2		20		40	5		16		80
2		21		42	5		17		85
2		22		44	5		18		90
2		23		46	5		19		95
2		24		48	5		20		100
					5		21		105
3		13		39	5		22		110
3		14		42	5		23		115
3		15		45	5		24		120
3		16		48					
3		17		51	6		13		78
3		18		54	6		14		84
3		19		57	6		15		90
3		20		60	6		16		96
3		21		63	6		17		102
3		22		66	6		18		108
3		23		69	6		19		114
3		24		72	6		20		120
					6		21		126
4		13		52	6		22		132
4		14		56	6		23		138
4		15		60	6		24		144
4		16		64					
4		17		68	7		13		91
4		18		72	7		14		98
4		19		76	7		15		105
4		20		80	7		16		112
4		21		84	7		17		119

7	fois	18	font	126
7		19		133
7		20		140
7		21		147
7		22		154
7		23		161
7		24		168

8	13		104
8	14		112
8	15		120
8	16		128
8	17		136
8	18		144
8	19		152
8	20		160
8	21		168
8	22		176
8	23		184
8	24		192

9	13		117
9	14		126
9	15		135
9	16		144
9	17		153
9	18		162
9	19		171
9	20		180
9	21		189
9	22		198
9	23		207
9	24		216

10	13		130
10	14		140
10	15		150
10	16		160
10	17		170
10	18		180

10	fois	19	font	190
10		20		200
10		21		210
10		22		220
10		23		230
10		24		240

11	13		143
11	14		154
11	15		165
11	16		176
11	17		187
11	18		198
11	19		209
11	20		220
11	21		231
11	22		242
11	23		253
11	24		264

12	13		156
12	14		168
12	15		180
12	16		192
12	17		204
12	18		216
12	19		228
12	20		240
12	21		252
12	22		264
12	23		276
12	24		288

13	13		169
13	14		182
13	15		195
13	16		208
13	17		221
13	18		234
13	19		247

13	fois	20	font	260	17	fois	19	font	323
13		21		273	17		20		340
13		22		286	17		21		357
13		23		299	17		22		374
13		24		312	17		23		391
					17		24		408
14		14		196					
14		15		210	18		18		324
14		16		224	18		19		342
14		17		238	18		20		360
14		18		252	18		21		378
14		19		266	18		22		396
14		20		280	18		23		414
14		21		294	18		24		432
14		22		308					
14		23		322	19		19		361
14		24		336	19		20		380
					19		21		399
15		15		225	19		22		418
15		16		240	19		23		437
15		17		255	19		24		456
15		18		270					
15		19		285	20		20		400
15		20		300	20		21		420
15		21		315	20		22		440
15		22		330	20		23		460
15		23		345	20		24		480
15		24		360					
					21		21		441
16		16		256	21		22		462
16		17		272	21		23		483
16		18		288	21		24		504
16		19		304					
16		20		320	22		22		484
16		21		336	22		23		506
16		22		352	22		24		528
16		23		468					
16		24		384	23		23		529
					23		24		552
17		17		289					
17		18		306	24		24		576

2ᵉ LEÇON.

Multiplication des nombres simples.

D. Comment faut-il opérer pour la multiplication ?

R. Pour multiplier un nombre composé par un nombre simple ; par exemple 208 par 7, il faut écrire le multiplicateur 7 sous les unités du multiplicande, souligne r et multiplier successivement les unités, les dizaines, les centaines du multiplicande par le multiplicateur.

Exemple.

Q. 95. Un plâtrier a fait 208 mètres d'ouvrage à 7 francs le mètre, combien lui revient-il en tout ?

OPÉRATION FIGURÉE.

multiplicande ,	208
multiplicateur ;	7
produit ,	1456 fr.

EXPLICATION.

Je dis 7 fois 8 font 56 ; j'écris 6 sous les unités , et je retiens 5 dixaines pour les ajouter à la colonne précédente. 7 fois 0 de dixaines font 0 ; j'écris sous la colonne des dixaines les 5 dixaines que j'ai retenues. Enfin 7 fois 2 centaines font 14 centaines ; j'écris 4 au rang des centaines et j'avance 1 au rang des mille. Le produit est donc 1456.

On fait facilement la preuve de la multiplication par la division, pourvu que tous les chiffres aient été multipliés. Il faut diviser le produit de la multiplication par le multiplicande. La règle sera bonne s'il n'y a point de reste à la division et si le quotient est le même que le multiplicateur.

Moyens d'abréger la multiplication.

Si vous voulez *multiplier par* 10 , ajoutez un zéro à la somme qui doit être multipliée.

(5o)

Il suffit d'avancer un chiffre sur la colonne des francs
quand on multiplie par 10, et 2 chiffres quand on multiplie par 100, ce qui se fait en changeant la virgule de place;
dans ce cas, les décimes et les centimes deviennent des
francs.

Exemple.

Q. 96. On veut multiplier 337 par dix,
R. Ajoutez un zéro et ce sera. .   3470 francs.
Si c'est par cent, ajoutez 2 zéros
et ce sera.   34700
Si c'est par mille ajoutez 3 zéros
et ce sera   347800

Si vous voulez *multiplier par 100*, ajoutez 2 zéros à la
somme que vous voulez multiplier ou au multiplicande.

Si vous voulez *multiplier par 50*, ajoutez les 2 zéros et
prenez la *moitié.*

3ᵉ LEÇON.

Multiplication des nombres composés.

D. Que faut-il observer pour multiplier les nombres
composés ?

R. La multiplication des nombres composés, n'est pas
plus difficile que celle des nombres simples. On pose à
l'ordinaire le multiplicande et le multiplicateur en séparant les décimales par une virgule, puis l'on opère sans
s'embarrasser de la virgule ; l'opération finie, on place la
virgule dans le produit, en laissant à droite autant de
chiffres qu'il y a de décimales ou de petites parties tant dans
le multiplicande que dans le multiplicateur ; et ces chiffres
seront alors des décimes et centimes, des décimètres, centimètres, etc.

Q. 97. Une marchande fruitière a acheté 486 douzaines
d'oranges à 75 centimes la douzaine ; combien le tout ?

Opération

486 douzaines
à   o 75 cent. la douz.

———————————————

    24 30
   340 2

———————————————

   364 5o cent.

Pr.   24 3o
         oo oo

Q. 98. On veut multiplier 53a par 4 : quel sera le produit ?

Q. 99. Combien coûteront 138 douzaines paires de bas , à a3 francs la douzaine ?

Q. 1oo. Combien y a-t-il de jours dans 848 années chacune de 365 jours ?

Q. 1o1. Que faut-il payer pour 298 mètres de drap à raison de a6 francs le mètre ?

Remarque. Lorsque le multiplicande ou le multiplicateur , ou tous les deux sont terminés par des zéros, on multiplie d'abord comme s'ils n'y étaient pas, et l'on ajoute à la droite du produit autant de zéros qu'il y en a dans les deux facteurs ensemble.

Exemple.

Q. 1oa. Que faut-il payer pour 48oo ballots de soie à raison de 36oo francs le ballot ?

Opération.

    48oo ballots
à   36oo

———————————————

     288
    144

———————————————

   17,28o,ooo francs,

On multiplie 48 par 36 , on fait l'addition , et on ajoute

(52)

au produit autant de zéros qu'il y en a au multiplicande et au multiplicateur.

Q. 103. Il y a environ 6000 ans que le monde est créé ; en supposant l'année de 365 jours , combien y a-t-il de minutes qu'il existe ?

Q. 104. Il est arrivé 20 bâtimens chargés chacun de 500 barils de harengs ; chaque baril en contient 5000 et on les vend à raison de cinq cent. la pièce ; quel sera le montant de la vente ?

Q. 105. On a éprouvé qu'un homme respire environ 20 fois par minutes, celui qui vit jusqu'à l'âge de 80 ans , composés chacun de 365 jours , combien a-t-il de fois à respirer avant sa mort ?

Dans certains cas , il faut ajouter des zéros à la gauche des chiffres pour tenir la place des petites parties dont la colonne est vacante. Par exemple , si l'on veut savoir le prix de 9 litres à 48 francs l'hectolitre , il faut que je pose la règle ainsi :

09 litres.

48 fr.

Pour poser 9 kilogrammes de haricots à 25 francs les 100 kilogrammes , ci . . . . .   09 kilos.

à 25 fr.

Il est nécessaire de poser ces zéros afin que l'on puisse reconnaître combien l'on aura de chiffres à retrancher au produit.

Q. 106. Combien coûteront 86 mètres de drap à 36 fr. 64 centimes le mètre ?

Q. 107. Combien faut-il pour payer huit ouvriers qui ont fait chacun 30 journées à raison de 2 francs 9 décimes la journée ?

Q. 108. On vient de bâtir un palais où il y a 365 croisées chacune de 36 carreau , à raison de 0,79 centimes le carreau : que faudra-t-il payer au vitrier ?

Q. 109. Un aubergiste paie 136 francs 9 décimes d'un tonneau de 375 litres de vin , il le vend à raison de 49 centimes le litre : quel sera son bénéfice ?

Q. 110. J'ai livré à mon associé 27 mètres 6 décimètres de drap, à 7 francs 4 décimes le mètre ; il m'a donné à compte 34 mètres de toile à trois francs 46 centimes le mètre : combien me doit-il encore ?

Q. 111. Un voiturier porta de Marseille à Paris 3,560 kilogrammes de sucre ; il avait 24 centimes par kilogramme ; il demeura 33 jours en route, et dépensait 12 francs 5 décimes par jour : quel fut son bénéfice ?

Q. 112. Un négociant vient de vendre 25 ballots de toile contenant chacun 18 pièces de 45 mètres 8 décimètres de long, à raison de 3 francs 47 centimes le mètre : quelle somme doit-il recevoir ?

Q. 113. Huit ballots de 12 pièces mouchoirs dont chacune est de 36 mouchoirs, ont coûté 10,368 fr. On a payé 148 francs de transport, 24 francs de droits, et 9 francs d'emballage. En vendant ces mouchoirs 3 francs 5 décimes la pièce, quel sera le bénéfice ?

4ᵉ LEÇON.

Multiplication des nombres fractionnaires.

D. Qu'appelle-t-on nombres fractionnaires ?

R. Les nombres fractionnaires sont ceux qui renferment une ou plusieurs parties de l'unité, comme un demi 1/2 deux tiers 2/3, trois quarts 3/4, un dixième, 4 centièmes. etc. Le nouveau calcul a sur l'ancien cet avantage que toutes les parties d'entiers étant considérées comme fractions décimales, on ne fait autre chose que les séparer par une virgule ; on les multiplie à l'ordinaire, et on opère comme nous l'avons déjà dit pour les nombres composés.

Exemple.

Q. 114. Combien coûteront 18,362 grammes de café à 3 francs 14 cent. le kilogramme ?

Opération.		*Preuve.*	
	18,362 grammes	57,65668	18,36200
à fr.	3,14 c.	257068,0	3,14
	734,48	7344800	
	1,836,2	7344800	
	55,086	000000	
	57,656 68		

Nota.—On a ajouté deux zéros au Diviseur pour rendre les décimales égales à celles du Dividende.

Dans cette opération, le prix connu du café est celui du kilogramme, donc le kilogramme est l'entier ; je sépare par une virgule tout ce qui n'est pas kilogramme, et je retranche au produit autant de chiffres que j'ai de petites parties au multiplicande et au multiplicateur.

Q. 115. J'ai acheté 428 litres de vin à raison de 3 francs le décalitre : combien dois-je payer ?

Q. 116. J'ai acheté 382 kilogrammes de savon à 45 francs les 50 kilogrammes : combien dois-je payer ?

Q. 117. Quel est le prix de 1608 kilogrammes pommes de terre, qui représentent ce qu'on appelait autrefois le quintal ou les cent livres, à 1 fr. 75 c. les 50 kilogrammes ?

Q. 118. Combien faut-il pour payer 33 kilogrammes paille gros blé, à raison de 4 fr. 9 décimes, les 50 kilogrammes ?

Q. 119. Je dois le loyer d'une maison et jardin pour 5 ans 5 mois et 25 jours à 450 fr. par an : combien le tout ?

Q. 120. Un domestique a resté chez moi 8 ans 10 mois 23 jours, à 150 fr. par an : combien a-t-il gagné ?

Q. 121. Mlle Victorine a resté en pension 5 mois 13 jours, à 36 fr. par mois ; elle a donné 216 fr. : combien faut-il lui rendre ?

Q. 122. Mlle Antoinette se nourrit et se blanchit ; elle paye au couvent 8 francs par mois, elle a demeuré 19 mois 8 jours ; elle a donné 29 fr. 60 centimes : combien doit-elle encore ?

DE LA DIVISION.

—

1re LEÇON

Où l'on apprend à diviser les nombres simples et composés.

D. Qu'est-ce que la Division ?

R. La Division est une opération par laquelle on cherche, combien de fois un nombre qu'on appelle dividende, en contient un autre qu'on appelle diviseur, et ce combien de fois se nomme quotient.

D. Comment la division peut elle encore se définir ?

R. On la peut définir encore : 1º une opération par laquelle on partage une quantité donnée, en autant de parties égales que l'on veut. 2º Une opération par laquelle on ôte une quantité d'une autre plus grande autant de fois qu'elle y est contenue.

Ainsi, diviser 36 par 3, par exemple, c'est chercher combien de fois 36 contient 3 ; ou bien c'est ôter 3 du nombre 36 autant de fois qu'il y est contenu ; ou bien encore, c'est partager le nombre 36 en trois parties égales.

D. Quelles sont les conséquences qui résultent de ces définitions ?

R. 1º Que si le diviseur est l'unité, le quotient sera égal au dividende ; 2º si le diviseur est plus grand que l'unité, le quotient sera plus petit que le dividende ; 3º si le diviseur est plus petit que l'unité, le quotient sera plus grand que le dividende ; c'est ce qui arrive dans les fractions ; 4º que, si on multiplie ou si on divise le dividende et le diviseur par un même nombre, le quotient sera toujours le même.

D. A quelles marques reconnaît-on le dividende ?

R. En ce qu'il est de même nature que le quotient.

D. Faites-nous connaître les divers usages de la division ?

R. La division sert : 1º à découvrir combien de fois une quantité est contenue dans une autre; 2º à partager un nombre en autant de parties égales que l'on veut; 3º à trouver la valeur d'une chose par la connaissance du prix total de plusieurs; 4º à rappeler les parties à leur tout, comme des hectogrammes en kilogrammes; des décimètres en mètres; des centimes en francs, des minutes en heures, etc.: 5º enfin à prouver la multiplication: car en divisant le produit par l'un des facteurs, le quotient doit donner l'autre facteur.

D. Comment fait-on la preuve de la division?

R. En multipliant le diviseur par le quotient, et ajoutant au produit le reste de la division, s'il y en a un, ce produit doit être égal au dividende.

D. Comment faut-il disposer les termes de la division?

R. On place sur une même ligne le dividende et le diviseur, séparés par une accolade, et on met sous le diviseur le quotient, qui est la réponse.

1er Exemple.

Dividende 36 { 9 diviseur.
          o { 4 quotient.

D. Combien doit-il y a de chiffres au quotient d'une division?

R. Autant qu'il y a de membres dans la division.

R. Qu'est-ce qu'on appelle membres de division?

R. Ce sont les différentes parties du dividende, pour lesquelles il faut faire des divisions particulières, lorsqu'on ne peut le diviser tout d'un coup.

D. Par quelle méthode peut on connaître le nombre de membres qu'il y a dans une division?

R. En prenant d'abord autant de chiffres à la gauche du dividende qu'il en faut pour que tout le diviseur y soit contenu, on a le premier membre; et le nombre de figures qui restent au dividende, indique combien il doit y avoir de membres avec le premier. Si donc, après avoir déterminé le premier membre, il reste encore deux chiffres, il y aura trois membres de division, et par conséquent trois chiffres au quotient. Il est bon de mettre un point après le premier membre.

D. Que faut-il observer dans la division de chaque membre?

R. 1º Que le produit du diviseur par le chiffre qu'on pose au quotient, doit toujours être moindre que le membre que l'on divise, ou lui être égal ; 2º que le restant de chaque division doit toujours être moindre que le diviseur ; 3º qu'il ne peut jamais y avoir plus de 9 au quotient pour chaque membre de division ; 4º que, lorsqu'après avoir descendu un chiffre pour former un nouveau membre, il arrive que le diviseur n'y est pas contenu, c'est-à-dire que le membre est plus petit que le diviseur, il faut poser un zéro au quotient, et descendre un autre chiffre pour former le membre suivant.

Remarque. Pour diviser les nombres d'un seul chiffre la table de Pythagore est suffisante. Dans les nombres plus composés, 1.º on écrira le dividende avec son diviseur à droite, séparés par un trait. 2.º On prendra sur la gauche du dividende autant de chiffres qu'il en faut pour contenir tout le diviseur, en supposant que ces chiffres expriment des unités simples. 3.º On examinera combien de fois dans ce dividende partiel est contenu le diviseur, ce qui donnera un chiffre du quotient à placer sous le diviseur. 4.º On multipliera tout le diviseur par le chiffre trouvé du quotient, et en portant le produit au-dessous du dividende partiel, on fera en même-temps la soustraction. 5.º A droite du reste l'on abaissera le chiffre qui suit dans le dividende total, ce qui donnera un nouveau dividende partiel, sur lequel on opèrera de même que sur le premier.

L'on continuera ainsi jusqu'à ce que les chiffres du dividende total soient épuisés, et la division sera terminée.

2ᵉ Exemple.

Q. 123. On voudrait savoir combien de fois le nombre 6 est contenu dans 924 ?

Opération.

```
Dividende 924  ⎰ 6   Diviseur.
          6    ⎱ 154  quotient.
2ᵉ membre 32                        Preuve.
          30                          154
          ──                           6
          24                          ───
3ᵉ membre 24                         924
          24
          ──
          00
```

Explication. Je commence cette opération par la gauche, en disant: en 9 combien de fois 6? Il y est une fois, je pose 1 au quotient, par lequel je multiplie le diviseur; je mets le produit 6 sous le premier membre de la division; j'ôte ce 6 de 9, il reste 3; à côté de ce 3 je descends la figure suivante, et j'ai 32 pour second membre. Je dis donc: en 32 combien de fois 6? Il il est 5 fois, que je pose au quotient: ensuite je dis: 5 fois 6 font 30, que je pose sous 32; je fais la soustraction, il reste 2 à côté duquel je descends le 4, et j'ai 24 pour troisième membre que je divise par 6; il vient 4 au quotient; enfin je dis: 4 fois 6 font 24, que je pose sous ce troisième membre pour en faire la soustraction; il ne reste rien. Le diviseur 6 est donc contenu 154 fois dans le dividende 924.

D. Comment fait-on la preuve de la division?

R. En multipliant le quotient par le diviseur, et ajoutant au produit le reste de la division, s'il y en a un : ce produit doit être égal au dividende.

3e *Exemple.*

Lorsque le dividende et le diviseur sont tous deux composés, on procède de même.

Q. 124. Soit proposé de diviser 39482 par 38.

```
Dividende 39482 ⎰ 38    diviseur.
           38   ⎱ 1039  quotient.

2e membre   148                      Preuve.
            114                       1039
            342                         38
3e membre   342                       8312
              0                       3117
                                     39482
```

Explication.

Comme les deux premiers chiffres du dividende contiennent les deux chiffres du diviseur, je ne prends que 39 pour premier dividende partiel. Pour faciliter l'opération, je sépare par la pensée, le dernier chiffre du diviseur et le dernier du dividende, et je dis en 3, combien de fois 3? 1 fois.

J'écris 1 au quotient. Je multiplie ensuite 38 par 1, ce qui donne toujours 38, que j'ôte de 39; il reste 1, à côté duquel j'abaisse 4, et j'ai 14 pour second dividende partiel. Je dis en 1, combien de fois 3 ? il n'y est pas contenu; j'écris o au quotient à la suite de 1, afin de conserver le rang que doivent tenir les chiffres du quotient. J'abaisse à côté de 14, le chiffre 8 du dividende; ce qui me donne 148 pour troisième dividende partiel. Je dis donc en 14, combien de fois 3? 4 fois. Avant d'écrire 4 au quotient, je l'éprouve, en multipliant par la pensée le diviseur entier 38 par 4, et j'ai pour produit 152, qui est plus grand que le dividende partiel 148. Ce dividende ne contient donc pas 4 fois le diviseur. Au lieu de 4, j'essaie 3 de la même manière, et j'obtiens le produit 114 qui peut être soustrait de 148. C'est pourquoi j'écris 3 au quotient, et j'ôte 114 de 148, il reste 34.

Comme on pourrait se tromper dans la soustration des nombres considérables, il faut, après chaque soustraction, s'assurer de l'exactitude de l'opération, en additionnant par la pensée le reste avec le dernier produit qu'on a retranché. On doit encore, dans les grandes divisions, conserver les produits des différentes épreuves de chaque chiffre du quotient, parce que ces mêmes chiffres peuvent reparaître au quotient.

Enfin à côté du reste 34, j'abaisse le dernier chiffre 2 du dividende total, et j'ai pour dernier dividende partiel 342. Je dis donc en 34, combien de fois 3 ? 10 fois; mais on ne prend que 9, parce que le diviseur ne peut pas être contenu plus de 9 fois dans le dividende. Si cela était autrement, ce serait une preuve qu'on aurait mal opéré, et la dixaine qu'on trouverait alors, appartiendrait au chiffre précédent du quotient. Je multiplie donc 38 par 9, et soustrayant le produit 342 du dividende 342; il ne reste rien.

4e *Exemple.*

Q. 125. Un marchand de chevaux assure que pendant le cours d'une année il a déboursé 2601648 fr., et que, pour cette somme, il a eu 6408 chevaux : on demande à combien lui revient chaque cheval ?

(60)

	Opération.		Preuve.

$$2601648 \mid 6408 \qquad 6408$$
$$25632 \mid 406 \qquad 406$$

2e et 3e membr.   384.48   38448

                     384 48   256320

                     000 00   2601648

Dans cette opération, le premier membre est composé de cinq chiffres, parce que les quatre premiers du dividende sont un nombre moindre que le diviseur.

Après avoir fait la soustraction du premier nombre, et avoir descendu le 4 pour former le nombre 3844, qui est le second, et qui est plus petit que le diviseur, j'ai mis un zéro au quotient, et j'ai descendu un autre chiffre pour faire le troisième membre, puis j'ai continué comme ci-dessus.

5e Exemple.

Q. 126. On demande combien le nombre 365 est contenu de fois dans 345786 ?

	Opération.		Preuve.

Dividende   3457.86   365 diviseur. |365|

2e membre   172 8   947 fois. quot. 947

3e membre   26 86   2555

     Reste.   1 31   1460.

                             3285 ..

                             131 Reste.

                            345786

Q. 127. J'ai payé 379 fr. pour 25 mètres de drap : à combien me revient le mètre ?

Q. 128. Trente ouvriers ont gagné 98760 fr. : combien revient-il à chacun ?

Q. 129. Un particulier ayant acheté 946 hectolitres de vin pour 43279 francs 50 centimes, désire savoir combien lui revient chaque hectolitre ?

Remarque. Toutes les fois que le nombre des décimales du diviseur n'est pas égal à celui du dividende, on les rendra égaux en y ajoutant un ou plusieurs zéros pour qu'il y ait autant de parties décimales au dividende qu'au diviseur, et alors le quotient ne sera composé que d'entiers ; mais s'il y a un reste et que pour diviser ce reste on soit obligé d'ajouter un zéro, le produit qui résultera de la division de ce reste sera des parties décimales ; il faudra les séparer en mettant la virgule à la droite des chiffres que l'on a déjà au quotient.

Dans la question 92 où il y a un nombre qui a des décimales, et l'autre qui n'en a pas, il faut pour avoir la vraie valeur au quotient, y ajouter autant de zéros que l'autre nombre a de décimales.

Divisions en nombres composés.

Q. 130. Un marchand a livré 987 mètres 5 décimètres de velours pour la somme de 13627 fr. 50 cent. : quel est le prix du mètre ?

Q. 131. Un boulanger a payé 6862 fr. 78 cent. pour 367 hectolitres 74 litres de froment : on demande à combien lui revient l'hectolitre ?

Q. 132. Pour 79 francs 9 décimes on a eu 85 mètres de ruban : combien coûte le mètre ?

Q. 133. Si le mètre de velours coûte 24 fr. et le mètre de drap 15 fr. : combien faudra-t.il donner de mètres de drap pour 70 mètres de velours ?

Q. 134. Combien ferait-on de draps de lit avec 108 pièces de toile de 50 mètres en employant 7 mètres et 6 décimètres par drap ?

Q. 135. On a distribué aux pauvres 787 fr., il y en a 598 qui ont reçu l'aumône ; combien ont-ils reçu chacun ?

Remarque. Lorsque le second chiffre du diviseur est 7, 8 ou 9, il faut augmenter par la pensée le premier chiffre du diviseur ; par exemple, dans la question ci-dessus, je considérerais le 5 comme un 6 , parce que 598 approche bien plus de 600 que de 500 , et par ce moyen je trouverai plus facilement combien le diviseur est contenu dans le dividende.

Si 25 décalitres d'huile d'olive coûtent 212 fr, 50 c. , à combien revient le litre ?

Opération.

Dividende 212,50	250 diviseur,
12 50	0,85 centimes le litre.
0 00	

Dans cette opération le litre est l'unité, puisqu'on cherche le prix du litre. J'écris donc zéro à la droite des 25 décalitres pour les reduire en litres, et j'ai pour diviseur 250 litres. En 212 fr.. ,il n'y a pas 250 , j'écris zéro et virgule au quotient pour annoncer qu'il n'y a pas d'unité , et je dis ; en 2125 dixièmes ou décimes combien y a-t-il de fois 250 ? huit fois. J'écris 8 au quotient , etc.

On voit par cette opération que lorsqu'on divise des dixièmes par des unités ; il n'y a au quotient que des chiffres décimaux et point d'unités,

6e *Exemple.*

Q. 136. Un particulier ayant acheté 946 hectolitres de vin pour 43279 francs 50 centimes , désire savoir à combien lui revient chaque hectolitre ?

D. Comment fait-on cette opération ?

R. Je pose les francs et les centimes sans les séparer par une virgule, ce qui rend le nombre du dividende cent fois plus grand ; il faut donc rendre aussi le diviseur cent fois plus grand : pour cet effet , j'y ajoute deux zéros, et je fais mon opération sans faire attention aux parties décimales.

Dans l'exemple ci-dessus, où il y a un nombre qui a des décimales, et l'autre qui n'en a point, il faut ajouter à ce dernier autant de zéros que l'autre nombre a de décimales, afin d'avoir la vraie valeur au quotient.

Opération.		Preuve.

432795,0	94 600	45,75
54395 0	45, 75	946
7095 00		4730
473 000		6622
		4730
. . . . .		3784
		43279,50

Pour faire cette opération , on a suivi la méthode expliquée ci-dessus ; quand les entiers ont été opérés, on a ajouté un zéro au reste pour avoir des décimales ; comme après avoir eu des décimes , le reste était encore fort, on y a ajouté un zéro, et on a eu des centimes ; il ne reste rien , donc la règle est finie : on voit que l'hectolitre coûte 45 fr. 75 cent.

7e Exemple.

Q. 137. Un bourgeois , ayant un ouvrage à faire, y a destiné 497 fr. 55 centimes : d'après le calcul fait, il lui faudrait 186 journées d'ouvriers; on demande combien il pourra donner à chaque ouvrier par jour?

Opération.		Preuve.

49755	18600	186
125550	2,67	2,67
139500		13 02
9300		111 6
		372
Reste.		93
		497,55

On donnera par jour à chaque ouvrier 2 fr. 67 c.

8e Exemple.

Q. 138. Un particulier ayant acheté 68 stères 4 décistères et 6 centistères de bois de chauffage, qui lui ont coûté 913 fr. 4 dé-

cimes : on demande à combien lui revient le stère ? R. 13 fr.
342 millim.

Opération.

$$
\begin{array}{r}
9134.0 \\
2288\ 0 \\
234\ 20 \\
28\ 820 \\
1\ 4360 \\
668
\end{array}
\left\{
\begin{array}{c}
6846 \\
\hline
13{,}342
\end{array}
\right.
$$

Je supprime la virgule , et j'ajoute un zéro à la suite du dividende , pour égaler dans ce facteur le nombre de chiffres décimaux qui se trouve dans le diviseur, après quoi je divise
comme à l'ordinaire.

9e *Exemple.*

Q. 139. On propose d'avoir le quotient de 6537,6 divisés par
529,47 , à moins d'un millième d'unité près ?

Pour faire cette opération , j'observe d'abord que le nombre
de chiffres décimaux du dividende est moindre que celui du
diviseur : j'ajoute un zéro au dividende, pour avoir le même
nombre de décimales qu'au diviseur ; la virgule étant suppri-
mée dans l'un et dans l'autre , je considère ces deux nombres
comme exprimant des entiers ; pour avoir des millièmes au
quotient, j'écris trois zéros à la droite du dividende, et j'ai
65376oooo à diviser par 52947

Opération.   ***Preuve.***

$$
\begin{array}{r}
65376.0\ 000 \\
12429\ 0 \\
\\
1839\ 6\ 0 \\
251\ 1\ 90 \\
39\ 4\ 020 \\
2\ 3\ 391 \\
\end{array}
\left\{
\begin{array}{c}
52{,}947 \\
\hline
12347
\end{array}
\right.
\qquad\qquad
\begin{array}{r}
529{,}47 \\
12{,}347 \\
\hline
370\ 629 \\
2117\ 88\ . \\
15884\ 1.\ . \\
105894.\ .\ . \\
52947.\ .\ .\ . \\
23\ \ 391 \\
\hline
6537.60000
\end{array}
$$

Reste.   .   .   .   .

Q. 140. On a acheté 16 douzaines de paires de bas à raison de 61 fr. la douzaine; on a payé 18 fr. 5 décimes de transport, 12 francs trois décimes de droit : combien faut-il les vendre la paire pour profiter de 206 francs ?

Q. 141. Combien y a-t-il de kilog. dans 621 livres poids de Beaucaire ?

Il faut diviser le nombre de livres par 242 livres qu'il y a dans le quintal en mettant au dividende 2 zéros, parce que dans le diviseur, 42 livres sont petites parties par rapport au quintal.

10e *Exemple.*

Q. 142. Six pièces de drap , qui contenaient 324 mètres , ont été vendues à 11858 fr. 40 centimes : à combien revient le mètre ?

Opération.		*Preuve.*
118584.0	32400	324
21384 0	36,6 déc.	36,6
1944 00		
. . . .]		1944
		194
		972
		11858,4

11e *Exemple*

Q. 143. Un commissionnaire pour les vins a acheté, pour son commettant à Paris, 296 kilolitres de vin de Mâcon , qui lui ont coûté 28652 fr. 80. : on demande combien coûte le kilolitre ?

Opération.	
286528,0	29600
20128 0	96,8
2368 00	

12e *Exemple.*

Q. 144. Un négociant de Bruxelles a fait une emplette de

546 kilogrammes 9 hectogrammes et 6 décagrammes de laine d'Espagne, pour 946 fr. 7 décimes et 6 centimes : à combien lui revient le kilogr. ? R. 1 fr. 73 cent.

<table>
<tr><td colspan="2" align="center">Opération.</td><td align="center">Preuve.</td></tr>
<tr><td>94676</td><td rowspan="2">54696
——————
1 fr. 73 c,</td><td>54696</td></tr>
<tr><td>399800</td><td>1,73</td></tr>
<tr><td>169280</td><td></td><td>164088</td></tr>
<tr><td>5192 Reste.</td><td></td><td>382872</td></tr>
<tr><td></td><td></td><td>54696 . .</td></tr>
<tr><td></td><td>Res.</td><td>51.92</td></tr>
<tr><td></td><td></td><td>——————</td></tr>
<tr><td></td><td></td><td>94676,00</td></tr>
</table>

Q. 145. J'ai payé 4500 fr. pour le loyer d'une maison dans laquelle j'ai resté 8 ans et 4 mois : combien ai-je payé par an ? R. 540 francs.

2e LEÇON.

Moyens d'abréger la Division.

1er MOYEN.

Pour diviser par 2, prenez la moitié de la somme que vous voulez diviser.

Pour diviser par 3, prenez le tiers.

Pour diviser par 4, prenez le quart.

Pour diviser par 5, prenez le cinquième.

Pour diviser par 6, prenez le sixième, etc., et ainsi pour 8 et 9.

2e MOYEN.

Pour diviser par 10 : retranchez un chiffre par la virgule, à la somme que vous voulez diviser

Pour diviser par 100, retranchez 2 chiffres.

Pour diviser par 1000, retranchez trois chiffres , etc. Les chiffres retranchés seront des décimes , centimes ; etc.

Pour diviser par 20 , retranchez un chiffre et prenez la *moitié* de la somme que vous voulez diviser.

Pour diviser par 30 , retranchez un chiffre et prenez le *tiers* de la somme.

Pour diviser par 40 , retranchez un chiffre et prenez le *quart* , etc. Ainsi pour 50 , 60 , 70 , 80 et 90.

Pour diviser par 200 , retranchez 2 chiffres et prenez la moitié de la somme que vous voulez diviser.

Pour diviser par 300 , retranchez 2 chiffres et prenez le *tiers.*

Pour diviser par 4000 , retranchez 3 chiffres et prenez le *quart.*

Pour diviser par 50000 , retranchez 4 chiffres et prenez le *cinquième.*

3e MOYEN.

Pour diviser par 12 , prenez le *tiers* du quart.

Pour diviser par 15 , prenez le *tiers* du cinquième.

Pour diviser par 16 ; prenez le *quart* du *quart.*

Pour diviser par 18 , prenez le *tiers* du *sixième.*

Pour diviser par 21 , prenez le *tiers* du *septième.*

Pour diviser par 24 , prenez le *quart* du *sixième.*

Pour diviser par 25 , prenez le *cinquième* du *cinquième.*

Pour diviser par 27 , prenez le *tiers* du *neuvième.*

Pour diviser par 28 , prenez le *quart* du *septième.*

Exemple. Le 12e de.	409567,	f. 24
Prenez le quatrième.	102391,	81
Ensuite le 3e du 4e qui sera le quot. . . .	ci 34130,	60

Autre exemple. Le 72e de	409567,	24
Prenez le huitième	51195,	43
Ensuite le 9e du 8e sera le quotient.	5688,	43

Explication. On voit par ces deux exemples qu'on peut employer le 3e moyen d'abréger la division toutes les fois que le diviseur est formé de deux facteurs, c'est-à-dire de deux chiffres qui, multipliés l'un par l'autre, font la somme du diviseur ; ainsi, les facteurs de 72 sont 8 et 9 , , parce que 8 multiplié par 9 fait 72. On appelle aussi les facteurs des sous-multiples.

4ᵉ MOYEN.

Le quatrième moyen consiste à retrancher autant de zéros au dividende qu'au diviseur ; et ensuite faire l'opération à l'ordinaire. Le quotient aura la même valeur quoique l'on ait retranché les zéros. Ce moyen ne pourra donc être employé que lorsque le dividende et le diviseur seront terminés par un ou plusieurs zéros.

Exemple.

Q. 146. Un marchand a acheté 3700 mètres de siamoise qui lui ont coûté 14800 fr : on demande à combien lui revient le mètre ?

Opération.

$$
\left. \begin{array}{l} 14800 \\ 00 \end{array} \right\{ \begin{array}{l} 3700 \\ \hline 4 \text{ fr. quotient.} \end{array}
$$

5ᵉ LEÇON.

Où l'on s'exerce à faire différentes règles.

Q. 147. J'ai changé une pièce de drap de 234 fr. 7 décimes pour une pièce de velours , j'ai rendu 86 fr. 52 cent. , et je dois encore 9 fr. 764 millièmes ; quel est le prix de la pièce de velours ?

Q. 148. Un tonneau d'eau-de-vie a couté 1571 fr. 25 centimes, il contenait 1257 litres : combien coûte le litre de cette eau-de-vie ?

Q. 149. Un marchand reçoit d'un propriétaire 8 hectolitres vin vieux à 40 fr. l'hectolitre , et cinq kilogrammes de soie à 4 fr. le kilogramme.

Le propriétaire reçoit du marchand 20 mètres de drap à 15 fr. le mètre : et 50 mètres de toile à 3 fr. le mètre : on demande quel est celui qui doit et combien ?

Q. 150. J'ai acheté une pièce d'eau-de-vie contenant 2 kilolitres ; j'en ai vendu 9 hectolitres ; j'en ai employé 9 décalitres à faire des liqueurs ; j'en ai cédé à mon voisin 4 décalitres : combien m'en reste-t-il ?

Q. 151. Un domestique me demande 35 cent. par jour il veut de plus une paire de souliers qui monteront 7 francs 50 centimes et un chapeau de 6 francs : à combien me reviendront ses gages ?

Q. 152. Un ouvrier gagne 48 francs par mois : combien gagne-t-il par jour ?

Q. 153. Un marchand a acheté 4 pièces de mouchoirs ; en les revendant, il a gagné sur la première 12 francs 50 centimes il a perdu sur la seconde 8 francs 37 centimes ; sur la troisième il a gagné 9 francs 72 cent, : quel est son bénéfice ?

Q. 154. Je dépense 2 francs 80 centimes par jour : quelle est la somme que je dépense par an ?

Q. 155. Je dois pour la rente d'une maison ou loyer, 5 ans 7 mois 27 jours , à 450 francs par an : combien cela fait-il ?

Q. 156. Combien coûtent 691 bottes de foin à 35 fr. le cent ?

Q. 157. Quel est l'intérêt ou le revenu d'un capital de 17,348 francs à 5 fr. pour cent ?

Q. 158. Combien dois-je payer pour 161 livres de riz , à 27 francs 50 centimes le quintal ?

Remarque. Ces 3 dernières règles se font toutes les trois de la même manière.

Q. 159. J'ai acheté 10 fromages 8 francs : combien me coûte le fromage ?

Q. 160. Les 100 kilogrammes de savon coûtent 60 fr. : à combien reviennent les cinq hectogrammes ?

Q. 161. Cent mètres rubans de fil coûtent 25 francs : combien coûte le mètre ?

Pour diviser par 10, il faut retrancher un chiffre , et *pour diviser par* 100, retranchez 2 chiffres. *Voyez le* 2e *moyen d'abréger la division, pag.* 66. Les chiffres retranchés seront des décimes , centimes , etc. Suivez cette méthode pour les 3 questions ci-dessus.

Moyens d'abréger la multiplication.

Pour multiplier par 5 , ajoutez le zéro et prenez la *moitié* , etc.

Exemple.

Q. 162. Combien coûteront 348 mètres de drap à 10 fr. le
mètre? Réponse . . . .   3480 fr.
à 5 francs le mètre? R.   1740
à 2 fr. 50 c. le mètre, prenez le

quart.   870
à 1 fr. 25 c. prenez le *huitième*.   435
à 62 c. 1/2 prenez le *seizième*. .   217 fr.,5

Si vous voulez *multiplier par* 100, ajoutez 2 zéros à la
somme que vous voulez multiplier ou au multiplicande.

Si vous voulez *multiplier par* 50, ajoutez les deux zéros et
prenez la *moitié*.

Par 25, ajoutez 2 zéros et prenez le *quart*.

Exemple.

Q. 163. Combien coûteront 10 mètres de drap à 12 francs
le mètre? R.   120 fr.

50 mètres au même prix, prenez la *moitié*.   60 fr.

25 mètres au même prix, prenez le *quart*.   30 fr.

Pour 12 mètres au même prix, prenez le *huitième*.   15 fr.

Q. 164. Combien faut-il payer à la boulangère pour 10 kilogrammes de pain à 35 cent. le kilogramme?

Q. 165. Combien coûteront 100 douzaines d'œufs à 45 centimes la douzaine?

Il y a encore un autre moyen d'abréger la multiplication qui
est de prendre par partie du franc.

Explication et exemple.

Si l'on achète 348 kilogrammes de marchandises à 1 fr. le
kilogramme, cette marchandise coûtera autant de francs qu'il y
a de kilogrammes, et ce sera   348 francs.

à 50 cent., ce sera la moitié des kilogrammes   174 fr.

à 25 c., le quart   87 fr.
à 12 c. 1/2, le huitième   43 fr. 5 c.

Autre exemple.

1979 liv. à 10 centimes. Prenez le 10me retranchez 1 fig.
Réponse. 197 fr. 9 décimes.

Règles d'alliage.

Q. 166. J'ai acheté quatre tonneaux de vin le premier coûte 48 f. 15 cent. le second 59 fr. 50 cent-; le troisième 63 fr 40 cent le quatrième 77 fr. 75 cent : à combien reviennent les tonneaux l'un dans l'autre ?

Pour faire cette règle, additionnez tous les différents prix, et sur le produit vous prendrez le *quart* s'il y a 4 sommes différentes ; le *cinquième* s'il y en a 5, le sixième s'il y en a 6, etc.

Cette règle est si facile, qu'il n'est pas nécessaire d'en donner d'autres exemples.

Règles de mélange.

Q. 167. Un cabaretier a mêlé 20 bouteilles de vin à 30 centimes avec 40 bouteilles à 40 cent. : combien doit-il vendre la bouteille de ce mélange ?

Opération.

20 bout. à 30 c. font   6 fr.
40 bout. à 40 c. font   16 fr.   { 60 diviseur.
___________________   _______
60 bout. coûtent.   22 fr.   { 0,366
                               4,00   _______
                                 400   22,00 *Preuve.*
                                  40

Q. 168. On a mélangé trois sortes de cidres, l'un de 12 fr. l'hectolitre, le second de 18 francs, le troisième de 20 francs ; mais il y a trois fois autant du premier que de chacun des deux autres. combien faut-il vendre l'hectolitre du mélange ?

Opération.

```
3 hectolit. à 12 fr. font 36 fr.
1 hectolit. à 18 fr.      18 fr.
1 hectolit. à 20 fr.      20 fr.
```

Tot. 5 hectolit. coûtent   74 fr.   5 diviseur.
                           24
                           40   14,80 c.
                           00   74,00 *Pr.*

Règles d'intérêt ?

D. Qu'est-ce que la règle d'intérêt ?

R. C'est une opération que l'on fait pour connaître la rente que produit un capital placé à un denier quelconque, ou à tant pour cent.

D. En combien de manières peut-on placer un capital ?

R. En deux manières, 1° à un tel denier, par exemple, au denier 20, au denier 25, etc., c'est-à-dire, que pour chaque 25 fr. ou 20 francs que l'on place, on retire un franc au bout d'un an ; 2° à tant pour cent par exemple, à 4, à 5, etc., c'est-à-dire que pour chaque 100 francs de capital, on recevra au bout d'un an 4 francs ou 5 francs : c'est ce qui s'appelle la rente.

Q. 169. Un ouvrier ayant amassé 1500 francs par ses épargnes, veut se faire une rente ; pour cela, il place son argent à constituer au denier 20 : on demande quelle sera sa rente annuelle ?

Opération.

```
1500        20
  10       ————
              75
  00
```

Il faut diviser le capital par 20 quand il est placé au denier 20, et par 25 quand c'est au denier 25 : par 18 quand c'est au denier 18, etc.

Q. 170. On demande quelle sera la rente annuelle d'un particulier qui a fait un contrat de constitution de 13815 fr. au denier 25 ?

Q. 171. Combien recevrai-je au bout d'un an et demi, si je place 4620 fr. au denier 25 ?

Q. 172. Un particulier a placé 24200 fr. au denier 24 ; il s'est absenté pendant sept ans : combien doit-il recevoir pour les rentes échues ?

Q. 173. Un petit marchand, content de sa fortune, veut quiter son commerce, il a soin de mettre à constitution un capital de 14500 fr. à 4 pour cent ; s'il est 6 ans 6 mois 15 jours sans en retirer la rente, combien recevra-t-il ?

Il faut chercher la rente d'un an, la multiplier par 6 ans 6 mois 15 jours.

Pour trouver la rente d'un an quand le capital est placé à 4, à 5 par cent, il faut multiplier le capital par 4 ou par 5 et retrancher au produit 2 chiffres, parce que c'est à tant pour o/o.

Q. 174. Quel est l'intérêt de 9786 fr. placés à raison de 5 pour o/o par an ?

Q. 175. Je voudrais savoir quel capital il faudra placer à 4 pour cent, afin de se faire une rente annuelle de 552 francs 6 décimes ?

A 4 pour cent, c'est au denier 25, ainsi, pour trouver le capital, il faut multiplier la rente par 25 ; quand c'est au denier 20 ou à 5 pour cent, il faut la multiplier par 20.

Q. 176. Quel serait le capital d'un revenu de 786 fr. 8 décimes à 5 pour cent ?

Q. 177. Un capitaine de vaisseau ayant un voyage de long cours à faire, a placé 6500 fr. à raison de 5 pour 100 par an, à son retour il a reçu pour total des arrérages, la somme de 1365 francs : combien de temps est-il resté absent ?

Remarque. Pour abréger les règles d'intérêt quand le revenu est à 5 pour 100 ou au denier 20, on peut trouver l'intérêt d'un an en prenant la moitié du capital et reculant d'un chiffre. Pour trouver par exemple l'intérêt de 8348, prenez la moitié en reculant d'un chiffre, vous trouverez 417 francs 4.

FIN DE LA PREMIÈRE PARTIE.

SECONDE PARTIE.

—

AVERTISSEMENT.

Ce qui suit n'est que pour les Élèves avancés et pour ceux qui ont de la facilité pour l'Arithmétique.

DES PROPORTIONS OU RÈGLES DE TROIS.

—

Maximes générales sur les proportions et Règles de Trois.

D. Pourquoi appelle-t-on cette règle, *règle de trois* ?

R. Cette règle que l'on nomme encore la *règle d'or*, à cause de sa grande utilité est nommée *règle de trois* parce qu'elle est composée de trois termes connus qui servent à découvrir le quatrième qu'on ne connaît pas.

D. Qu'est-ce qu'une proportion ?

R. C'est l'égalité de deux rapports.

D. Qu'est-ce qu'un rapport ?

R. C'est le résultat de deux nombres de même espèce, ou bien c'est le nombre de fois qu'un nombre en contient un autre.

D. Faites-le-moi connaître par un exemple ?

R. Par exemple, le rapport de 12 à 4 est 3, parce que 12 contient 4,3 fois ; de même le rapport de 5 à 15 est un tiers , parce que 5 est le tiers de 15.

D. De quoi est composée la proportion en usage dans les règles de trois ?

R. Elle est composée de deux rapports égaux ; ainsi, ces quatre nombres, 3 , 12 , 5 , 20 , peuvent former une proportion, parce qu'il y a même rapport entre 3 et 12 , qu'entre 20 et 5.

(75)

Une proportion s'écrit ainsi : 3 : 12 :: 5 : 20, que l'on prononce 3 est à 12 comme 5 est à 20.

D. Que faut-il observer pour bien poser la règle de trois ?

R. Il faut que le *premier* terme et le *troisième* soient de même espèce et de même qualité, par exemple :

Quand le *premier* terme est composé de mètres, le *troisième* doit être aussi composé de mètres.

Quand le *premier* est composé d'un nombre de jours ou d'heures, le *troisième* doit être aussi composé de jours et d'heures.

Pour le terme du *milieu*, il faut qu'il soit de même qualité avec la *réponse* ou le *quatrième* terme qui est ce que l'on cherche ; par exemple, quand le *second* terme ou celui du *milieu* est composé de francs, la *réponse* ou le *quatrième* terme doit être aussi composé de francs.

D. Comment se fait la règle de trois ?

R. Il faut seulement multiplier les *deux derniers* termes, (ceux de droite), ensemble et diviser ce qui viendra par le premier, la règle sera faite. Ce que vous aurez au quotient sera la *réponse* ou le *quatrième* terme que vous cherchez.

D. Comment fait-on la preuve de la règle de trois ?

R. Par une autre règle de trois ; il faut seulement changer les termes ; poser le *dernier* terme de la règle pour *premier* terme de la preuve et poser le *premier* de la règle à la place du *dernier* de la preuve.

D. Est-il toujours nécessaire de faire la multiplication et la division pour trouver le quatrième terme ou la réponse ?

R. On peut facilement résoudre la question quand on connaît les rapports, mais si on ne les connaît pas il faut alors multiplier et diviser.

EXEMPLE.

Questions faciles à résoudre et sans qu'il soit nécessaire de faire la règle.

Q. 178. Si 9 mètres de drap coûtent 36 francs, combien coûteront 15 mètres ?

Q. 179. Un maître maçon a employé 3 ouvriers pour faire un

mur qui a 18 mètres de long ; on demande combien en feraient 12 ouvriers dans le même temps ?

Q. 180. J'ai employé 6 kilogrammes de laine pour faire 18 caleçons, combien en faudra-t-il pour faire 30 caleçons de la même grandeur ?

Q. 181. On a distribué 18 kilogrammes de pain à 54 pauvres : on demande combien il faudra de pain pour en donner à 72 autres, si on leur donne à chacun autant qu'aux premiers ?

Q. 182. Une pièce de drap contenant 13 mètres a été payée 130 francs : on demande combien coûterait une même pièce du même drap, qui aurait 16 mètres de longueur ?

D. Combien y a-t-il de sortes de règles de trois ?

R. Quoique l'on en distingue ordinairement de cinq sortes, savoir : 1° la règle de trois directe simple, 2° l'inverse simple : 3 la directe double, 4° l'inverse double, 5° la composée, c'est à-dire en partie directe et en partie inverse, nous n'en reconnaîtrons ici que de deux sortes, savoir : celles dont chaque terme n'est composé que d'un seul nombre, et que nous appellerons pour ce sujet *règles de trois simples*, et celles dont les deux termes et quelquefois les quatre sont composés de plusieurs nombres ; nous les nommerons *règles de trois doublés*, et elles renfermeront les quatre dernières espèces nommées ci-dessus.

D. Faut-il poser toutes les règles de trois de la même manière ?

R. Non : quand la règle de trois est droite, il faut pose au premier terme la cause dont l'effet est connu ou l'effet dont la cause est connue, et quand la règle de trois est inverse, il faut poser pour premier terme l'effet dont la cause est inconnue ou la cause dont l'effet est inconnu.

D. Comment peut-on distinguer si la règle de trois est droite ou inverse ?

R. Quand le plus donne le plus, ou quand le moins donne le moins elle est droite : quand le plus donne le moins, ou quand le moins donne le plus elle est inverse.

Exemples pour reconnaître si la règle de trois est droite ou inverse.

Q. 183. J'ai acheté 127 litres de vin qui m'ont coûté 82 f. : combien me coûteront 635 litres ?

Plus il y a de litres, plus il faudra payer ; donc la règle est droite : il faut donc placer au premier terme la cause dont l'effet est connu, c'est-à-dire, les 127 litres, parce qu'on sait qu'ils coûtent 82 francs.

Q. 184. Il a fallu 15 ouvriers pour faire un certain ouvrage en 6 jours : combien faudrait-il de jours à 5 ouvriers pour faire le même ouvrage ?

Moins il y a d'ouvriers, plus il faudra de jours : donc la règle est inverse ; il faut donc poser au premier terme l'effet dont la cause est inconnue ou la cause dont l'effet est inconnu ; 5 ouvriers expriment ici le premier terme, parce qu'on ne connaît pas le nombre de jours qu'il leur faudra pour faire l'ouvrage ?

Q. 185. Un coutelier a vendu 15 canifs à manche d'ivoire et à trois lames pour lesquels il a reçu 45 francs ; il lui en reste encore 18 : combien recevra-t-il à proportion s'il les vend au même prix ?

Q. 186. Un particulier marchant continuellement 6 heures par jour a fait 64 myriamètres en 12 jours : combien faudrait-il de jours à ce même particulier pour en faire autant, marchant pendant 8 heures par jour ?

RÈGLES DE TROIS DROITES SIMPLES.

D. Qu'est-ce que la règle de trois simple ?

R. C'est une opération à laquelle donne lieu l'énoncé d'une question qui renferme quatre termes simples, chacun d'un seul nombre, dont trois sont connus, et dans laquelle la première cause contient le premier effet, ou est contenue en lui, de la même manière que la deuxième cause contient le second effe ou est contenue en lui.

D. Comment l'opère-t-on ?

R. Par les causes et les effets, c'est-à-dire, que l'on met pour le premier terme celui qui se trouve le premier dans la question ; pour second, la cause ou l'effet du premier terme ; s'il était inconnu, on le remplacerait par l'x ; le second rapport se compose de la même manière et dans le même ordre que le premier. Si le terme inconnu se trouve aux extrêmes, on fait le produit des moyens, et on le divise par l'extrême connu ; s'il est aux moyens, on fait le produit des extrêmes, et on le divise par le moyen connu.

Exemples.

Q. 187. Une pièce de drap contenant 12 mètres, a été payée 84 fr. : on demande combien coûterait une pièce du même drap qui aurait 28 mètres de longueur ?

Opération.	*Preuve.*
12 : 84 :: 28	28 : 196 :: 12
28	12
672 ⎱ 12	392 ⎱ 28
168 ⎰ 196	196 ⎰ 84
2352	2352
115	112
72	00
00	

Explication. Il est évident que si l'on savait à combien revient le mètre du drap qu'on a acheté, on répèterait ce prix 28 fois et on aurait pour résultat le prix de la pièce composée de 28 mètres ; or, puisque 12 mètres ont coûté 84 francs, un mètre seul aurait coûté la douzième partie de 84 francs ; en divisant 84 par 12, on trouve pour résultat 7 francs, et multipliant ce nombre 7 par 28, il vient 196 fr. pour la somme demandée ; telle est, en effet, la valeur de la pièce de 28 mètres.

On voit aussi par cet exemple, que le rapport de la première pièce avec la seconde est 28/12 ou 2 entiers et 4/12.

Les prix ayant entre eux le même rapport que les longueurs, il faut que 196 et 84 qui sont les deux prix donnent 28/12, et c'est ce qui a lieu en effet ; car, en réduisant 196/84 à une plus simple expression, on a 28/12, ce qui donne cette proportion : le plus *petit* terme de la première espèce *est* au plus *grand* terme de cette espèce *comme* le plus *petit* terme de la seconde espèce est au plus *grand* de cette espèce.

Q. 188. Lorsque 140 francs sont le prix de 14 mètres de drap, combien faudra-t-il payer pour 20 mètres du même drap ?

Je compose le premier rapport par les francs et les mètres qu'ils ont donnés, le second doit être composé de la même manière ; mais, ne connaissant pas les francs de ce second rapport, je les remplace par l'x ; l'inconnu se trouvant aux moyens je fais le produit des extrêmes 140 et 20, il est de 2800 que je divise par 14 et j'ai pour réponse 200.

Q. 189. Si le kilogramme de poivre coûte 3 fr. et le kilogramme de sucre 2 fr. 5 décimes, je demande combien de kilog. de ces deux marchandises on peut avoir pour 100 fr. si on prend trois fois autant de sucre que de poivre ? R. 38 kilogrammes 095 grammes. *Solution.* 10 fr. 5 déc. : 4 : : 100 fr. : 38 k. 095 grammes.

10 fr. 5 déc. premier terme est formé du prix des 3 kilogrammes de sucre et d'un kilogramme de poivre.

Puisqu'il y a des décimes au premier terme qui doit servir de diviseur, il faudra, pour avoir la vraie valeur au quotient, ajouter un zéro au dividende.

Exercices sur la Règle de trois simple.

Q. 190. On a eu 38 kilogrammes bourre de soie pour 646 francs : combien en aurait-on du même prix pour 493 fr. ?

Q. 191. Un voyageur a fait 105 kilomètres en 15 jours : combien lui faudra-t-il de jours pour en faire 329, s'il peut continuer de marcher avec la même vîtesse ?

Q. 192. Si 32 kilogrammes de fil ont donné 42 mètres de toile : combien en donneront 48 kilogrammes du même fil ?

Q. 193. Quelle est la hauteur d'une tour qui donne 20 mètres d'ombre lorsqu'en même-temps 6 en donnent 2 ?

Q. 194. J'ai acheté 127 litres de vin qui coûtent 82 fr. 5 décimes : combien coûteront 635 litres du même ?

Q. 195. Un boulanger dit que le kilogrammes de pain lui revient, tous frais faits, à 40 c. il voudrait gagner sur 25 kilogrammes le prix de 2 kilog. 5 hectogrammes : combien doit-il vendre le kilogramme de pain ?

RÈGLES DE TROIS COMPOSÉES.

D. Qu'est-ce que la règle de Trois composées ?

R. C'est celle qui en renferme plusieurs simples, ou bien celle dans laquelle plusieurs quantités concourent à former une même cause ou un même effet.

D. Pourquoi appelle-t-on cette règle *composée* ?

R. La règle de trois composée est ainsi nommée, parce qu'elle est composée d'un plus grand nombre de termes que la règle de trois simple ; il faut faire plusieurs règles de trois pour opérer la règle de trois composée ; mais on peut aussi l'opérer comme une règle de trois simple, en réduisant les termes en même espèce. Par exemple, la question ci-dessus peut se résoudre en observant que 15 ouvriers ayant fait 12 journées chacun, et multipliant le nombre d'ouvriers par le nombre de journées on trouve 180 journées qui forment le premier terme ; multipliant de même le nombre d'ouvriers de la seconde bande par les 3 journées, on trouve 54 qui est le troisième terme de la règle.

D. Comment opère-t-on ces sortes de règles ?

R. Comme les simples, par les causes et les effets : on écrit pour premier rapport celui des deux que l'on veut, et de la manière que l'on veut, ayant soin de mettre dans un même terme toutes les quantités qui concourent à produire le même effet, etc., et de désigner les multiplications par le signe $\times$: on écrit le second rapport de la même manière et dans le même ordre que le premier, et l'on met l'x à la place que doit occuper dans la proportion le terme inconnu ; si l'x se trouve dans les moyens, on fait le produit de tous les nombres qui composent les extrêmes, et on le divise par celui de tous les moyens connus ; s'il est dans les extrêmes, on fait le produit des moyens et on le divise par celui des extrêmes connus ; le quotient donne la réponse.

Exemples.

Q. 196. Un homme meurt insolvable : suivant son bilan, l'actif est de 8700 fr., et le passif est de 12000 fr., savoir 7500 qui sont dus à A, et 4500 à B. Combien chaque créancier perdra-t-il à proportion ? Pour savoir ce que chaque créancier doit perdre portionnellement, je procède en disant :

$$12000 : 8700 : \begin{cases} 7500 : 5437, \text{ fr. 5 som. à retirer par A.} \\ 4500 : 3262, \quad 5 \qquad\qquad \text{par B.} \end{cases}$$

Pour connaître la perte de chacun des créanciers, il faut soustraire la somme qu'il retire de celle qu'il a prêtée, le reste indiquera la perte. A. perdra 2062 fr., 5, et B. 1237 fr., 5.

Q. 197. Trois négocians ont fait une masse de 6200 fr. A. a mis 3000 fr. B. 2000 et C. 1200 fr. Au bout de trois mois, A. a retiré ses fonds, et B. au bout de 7 mois. A la fin de l'année tous les fonds étant rentrés, et C. ayant repris sa mise de fonds, il y a eu un bénéfice de 2400 fr. trouver le bénéfice particulier de chaque associé, en ayant égard à la somme qu'il a fournie et au tems qu'elle a resté en société.

Pour résoudre ces questions il faut multiplier chaque mise par le tems qui lui est propre. La mise est considérée comme terme principal, et le tems comme terme accessoire. La raison de cette opération est que 9000 fr., produit de 3000 $\times$ 3, portent autant d'intérêt dans un mois que 3000 fr. dans 3 mois. La somme totale des produits formera le premier terme de la proportion, le bénéfice formera le second, et chacun des produits séparément formera le troisième.

$$37400 : 2400 :: \begin{cases} 9000 : 577, \text{ f. 54 bénéfice de A.} \\ 14000 : 898, \quad 40 \qquad\quad \text{de B.} \\ 14400 : 924, \quad 06 \qquad\quad \text{de C.} \end{cases}$$

Si la question proposée avait 7 ou 9 termes, etc. il faudrait de même les réduire tous à trois, en multipliant chaque terme principal par tous ses accessoires.

Q. 198. Une Commune a payé 3321 fr. 40 c. tant pour son imposition foncière que pour les 15 c. additionnels par fr. on veut connaître séparément la contribution foncière et la somme des centimes additionnels.

Puisque chaque fr. supporte une augmentation de 15 c., on trouvera la contribution foncière par la proportion : 1,15 : 1 :: 3321,4 : 2888,17. Cette quatrième proportionnelle est l'imposition foncière, laquelle étant déduite de 3321,40, la différence 433 fr. 23 c. est la somme des centimes additionnels.

Q. 199. Une Commune payant une imposition de 864 fr., il faut répartir au marc le franc, une augmentation de 9 fr. Cette expression au marc le franc, signifie à tant par fr.

Faites la proportion : 864 : 9 :: 1 : 0,010417 : chaque fr. supportera donc une augmentation de 1 c. 0417 et 100 fr. celle de 1 fr., 0417. Cette règle exigeant la plus grande exactitude, les fractions des centimes ne doivent pas être négligées dans le résultat. Cela se réduit à diviser 9 par 864.

Exercices.

Q. 200. Un maître maçon a fait travailler 15 ouvriers qui, en 12 jours ont fait 150 mètres d'ouvrage ; combien 18 ouvriers en feront-ils en travaillant seulement 3 jours ?

Q. 201. Combien doit-il revenir pour salaire à 22 ouvriers qui ont travaillé pendant 36 jours et 10 heures par jour, sachant que 17 ouvriers employés au même ouvrage ont reçu 711 fr. 45 c. pour 27 jours de travail pendant lesquels ils travaillaient 11 heures par jour ?

Q. 202. On a employé 6 hommes qui ont travaillé 8 jours et 9 heures par jour pour faire 48 mètres d'une certaine étoffe : on demande combien 4 ouvriers en pourront faire de mètres en 5 jours, travaillant 10 heures par jour ?

Q. 203. La construction d'une citerne de 5 mètres 32 centimètres de long, 2 mètres 35 centimètres de large, et 5 mètres de profondeur, a coûté 336 fr. combien payerait-on pour faire une autre citerne de 16 mètres de long, 3 mètres 30 centimètres de large, et 4 de profondeur ?

RÈGLES DE TROIS INVERSES.

D. Qu'est-ce que la règle de *trois inverse ?*

R. On l'appele ainsi lorsque par la nature du problême, deux des quatre quantités qui composent la proportion sont d'autant plus petites que les deux autres sont plus grandes : et , réciproquement.

Q. 204. Un ouvrier travaillant 8 heures par jour , a mis 5 jours pour faire un certain ouvrage ; combien mettrait-il de jours pour faire le même ouvrage , s'il travaillait 6 heures par jour ?

Il est facile de voir que plus il travaille d'heures par jour moins il met de jours pour faire l'ouvrage en question , et , réciproquement, moins il travaille d'heures par jour , plus il mettra de jours pour faire le même ouvrage. On dit , dans ce cas, que les deux nombres d'heures et de jours sont en *raison inverse*, c'est-à-dire que plus il y a d'heures de travail par jour moins il faut de jours pour faire l'ouvrage ; voici actuellement la manière dont il faut raisonner pour mettre le problème en proportion.

Dans le premier cas, l'ouvrier travaillant 8 heures par jour, met 5 jours pour faire l'ouvage proposé ; dans le second cas , il ne travaille que 6 heures par jour ; conséquemment il mettra plus de 5 jours pour faire le même ouvrage , et il en mettra d'autant plus à proportion , que le nombre 6 est plus petit que 8 , de façon qu'il mettrait 10 jours s'il ne travaillait que 4 heures par jour ; et s'il ne travaillait que 4 heures , on aurait cette proportion :

8 heures, le plus grand nombre d'heures,

sont à

10 jours, le plus grand nombre de jours,

comme

4 heures, le plus petit nombre d'heures,

sont à

5 jours , le plus petit nombre de jours.

On dira aussi d'une manière analogue :

8 heures : x le plus grand nombre de jours :: 6 heures : 5 jours.

Divisant le produit des extrêmes par le moyen connu 6 , il vient $6\frac{2}{3}$ jours pour la valeur de x.

On pourrait dire encore :

8 heures : 6 heures :: x : 5 jours.

Q. 205. Un voyageur qui dépense 4 fr. par jour, aurait assez d'argent pour 15 jours; mais la ville où il doit en recevoir est à 26 journées de chemin. Combien faut-il qu'il dépense pour faire durer son argent jusqu'à cette ville?

Il va s'en dire que plus la ville où le voyageur doit recevoir de l'argent sera éloignée, plus il faudra qu'il réduise la dépense qu'il fait par jour. Or, si la ville était à 15 journées de chemin, il pourrait dépenser 4 fr.; mais cette ville est à 26 journées, la dépense journalière sera d'autant moindre que le nombre 26 est au-dessus de 15; on pourra donc faire cette proportion:

26 jours, le plus grand nombre de jours,

sont à

4 fr. la plus grande dépense,

comme

15 jours, le plus petit nombre de jours,

sont à

x la plus petite dépense.

ou 26 jours : 4 fr. :: 15 jours : $x = \dfrac{4 \times 15}{26} = 2$ fr. 31.

D. Qu'appele-t-on règle de *trois inverse composée* :

R. Cette règle est composée quant la quantité que l'on cherche dépend de deux ou d'un plus grand nombre de causes. Il n'y a toujours que deux effets, l'un inconnu et l'autre connu, mais chaque effet a plusieurs causes. En voici un exemple:

Q. 206. Quatre hommes travaillant 5 heures par jour, ont mis 6 jours pour faire un certain ouvrage, combien 7 hommes travaillant 4 heures par jour mettraient-ils de jours pour faire le même ouvrage.

Quatre hommes travaillant 5 heures font 20 heures de travail, ou ce que 20 hommes feraient en une heure; 7 hommes, dans le second cas, travaillant 4 heures font ce que 14 hommes feraient en une heure; d'après ce raisonnement la question peut être transformée en celle-ci.

Vingt hommes ont mis 6 jours pour faire un certain ouvrage, combien 14 hommes travaillant, par jour, pendant le même espace d'heures que les premiers, mettraient-ils de jours pour faire le même ouvrage? Le problème ainsi simplifié ne présente plus aucune difficulté. On a la proportion.

14 hommes : 20 hom. :: 6 : $x = \dfrac{20 \times 6}{14} = 8 \tfrac{4}{7}$.

Q. 207. Il a fallu 15 ouvriers pour creuser un fossé en 6 jours ; combien faudrait-il de jours à 5 ouvriers pour faire le même ouvrage ?

Q. 208. Un capitaine a de l'argent pour payer 400 hommes pendant 3 mois, en donnant à chacun 75 c. par jour ; mais comme il a besoin de sa troupe pendant 5 mois : combien doit-il leur donner de paie ?

Puisqu'il y a deux décimales au dividende, il faudra ajouter deux zéros au diviseur.

Q. 209. Un ouvrier a fait un certain ouvrage en 6 mois en travaillant 8 heures par jour ; on demande combien il faudrait que le même ouvrier travaillât d'heures par jour pour faire le même ouvrage en 4 mois ?

Q. 210. Six cents hommes bloqués dans une forteresse ont consommé en 60 jours la moitié de leurs vivres, on demande combien 400 hommes pourront subsister de temps avec l'autre moitié des vivres en recevant la même ration ?

RÈGLE DE SOCIÉTÉ.

—

D. Qu'est-ce que la règle de société ?

R. C'est une opération qui sert à partager entre plusieurs associés le profit ou la perte qui résulte de leur société ; ce qui se fait par plusieurs règles de trois directes ou droites.

D. Quels sont les termes de ces règles de trois ?

R. Le premier terme est la somme des mises ; le second, la somme que l'on veut partager ; les troisièmes termes sont les mises particulières ; les quatrièmes termes donnent la part de chaque associé : ainsi la somme des mises est au gain total, comme la mise de chacun est au gain qui lui revient.

Exemples.

Q. 211. Trois négocians ont fait une société ; A. a mis 300 fr., B. 250, et C. 90 fr. Ils ont gagné 120 fr. On demande quelle portion du bénéfice il revient à chacun.

Cette question se résout par autant de proportions qu'il y

a d'associés, en disant : la somme des mises de fonds est au bénéfice total, comme la mise de chaque intéressé, est à son gain respectif. Il faut donc additionner les trois mises et faire trois proportions, ensorte que les deux premiers termes de chacune soient la totalité des sommes fournies et le bénéfice entier, et que le troisième soit la mise de chaque associé.

$$640 : 120 :: \begin{cases} 300 : 56, \text{ fr. } 250 \text{ bénéfice de A.} \\ 250 : 46, \quad 875 \ldots \ldots \text{ de B.} \\ 90 : 16, \quad 875 \ldots \ldots \text{ de C.} \end{cases}$$

$$\overline{120, \quad 000}$$

D. Comment fait-on la preuve de la règle de société ?

R. On fait la preuve de cette règle en additionnant les bénéfices particuliers. Cette somme doit-être égale au gain total qui occupe le second rang, puisque la somme de toutes les mises de fonds est égale au premier terme. S'il y a des restes, on les additionne ensemble ; et après en avoir divisé la somme par le diviseur commun, on joint le quotient aux résultats de la règle.

Q. 212. Trois associés ont fait un fonds : le premier a mis 12000 fr. ; le second 36000 fr. ; le troisième a mis 48000 fr. ; ils ont gagné 16000 fr. : combien chacun a-t-il gagné à proportion de sa mise ?

Solution.

Mise totale. Gain total.

$$96000 : 16000 :: 12000 : 2000 \text{ gain du premier.}$$
$$96000 : 16000 :: 36000 : 6000 \text{ gain du second.}$$
$$96000 : 16000 :: 48000 : 8000 \text{ gain du troisième.}$$

Preuve 16000

La règle de société peut encore se faire d'une autre manière ; en divisant le gain par la somme totale des mises, on trouve ce que chaque franc a gagné, ou ce qu'on a gagné par franc. On multiplie la mise de chaque associé par le gain ou le produit de chaque franc. On additionne ensuite les produits de ces multiplications et le total doit être égal au gain si la règle est bien faite.

Q. 213. Trois marchands de bois ont acheté une petite coupe de bois : le premier y a contribué pour 275 francs ; le second pour 475 francs ; le troisième pour 500 francs ; à ce marché ils ont gagné 150 francs ; on demande quel sera le gain de chacun à proportion de sa mise ?

Opération par la division:

```
275 g. du 1er 33 f.      150 f. gain.        diviseur
475 g. du 2e 57 f.       2500           {      1250
500 g. du 3e 60 f.        000           {   ──────────
──────────────────       ──────            ,12 c. par f.
1250 mise totale.

   275 m. du 1er   475 m. du 2   500 m. du 3.     Preuve.
        ,12            12             12
   ──────────     ──────────    ──────────     au 1er 33 f.
      5 50            9 50          60,00       au 2e 57
     27 5            47 5                       au 3e 60
   ──────────     ──────────                   ──────────
     33,00           57,00                  Gain total 150
```

Exercices.

Q. 214. Trois personnes se sont associées ensemble ; la première a mis 36 francs, la seconde 24 francs, et la troisième 18 francs ; elles ont gagné 30 francs ; on demande combien il revient à chacune à proportion de sa mise ?

Q. 215. Un homme en mourant est débiteur de 7500 francs à trois créanciers ; au premier de 3000 fr., au second de 2625 francs, et au troisième de 1875 francs ; il laisse seulement en argent et en effets 4500. On voudrait savoir combien chaque créancier doit avoir de cette somme à proportion de sa créance ?

RÈGLES DE SOCIÉTÉ COMPOSÉES.

Q. 216. Trois négocians ont à partager le gain qu'ils ont fait dans le commerce qui est de 6000 francs ; le premier a mis 3000 francs pour 12 mois, le second 750 pour 10 mois, le troisième a mis 500 francs pour 6 mois. Combien revient-il à chacun à proportion de sa mise et du temps qu'elle est restée dans le commerce ?

Explication. Toute la différence consiste à multiplier la mise de chaque associé par le temps qu'il l'a laissée dans la société La somme de toutes les mises ainsi multipliées, représentera les fonds de la société, et on opérera comme à l'ordinaire par la règle de trois ou par la division ?

Q. 217. Deux personnes se sont associées dans le commerce: la première a mis 400 francs pour 3 ans, la seconde a mis 600 francs pour 2 ans. Le gain total est de 800 francs : combien chacune doit-elle avoir à proportion de sa mise et du temps que l'argent a resté dans la société ?

Q. 218. Pierre et Nicolas ont fait société pour 2 ans ; Pierre a fourni 1800 francs dès le commencement ; Nicolas n'a mis ses fonds que 7 mois après, qui sont de 2100 francs ; le bénéfice se monte à 420 francs : on demande la part de chacun à proportion du temps qu'elle est restée dans le commerce ?

Q. 219. Un bourgeois a dépensé 140 francs pour faire mettre en couleur la boiserie d'une de ses salles. Deux peintres y ont été employés : le premier y a travaillé 18 jours et 8 heures par jour ; le second 12 jours et 10 heures par jour : on demande combien chacun doit recevoir ?

DES FRACTIONS.

—

D. Qu'est-ce qu'une fraction ?

R. C'est une ou plusieurs parties de l'unité partagée en un nombre quelconque de parties égales.

D. Comment exprime-t-on les fractions ?

R. Par deux nombres : le premier qui fait connaître de combien de parties la fraction est composée, se nomme *numérateur*, et le dernier qui marque combien il faut de ces parties pour former l'unité s'appelle *dénominateur* ; parce que c'est le nom de la fraction. $\frac{3}{4}$ ou $^{3}/_{4}$ numérateur, dénominateur.

Exemple.

Si l'on partage l'unité ou l'entier en 2 parties, une de ces parties se nomme *moitié* ou *demie* 1/2

en 3 parties *tiers* 1/3

en 4 parties *quart* 1/4

en 5 parties *cinquième* 1/5

en 6 parties *sixième* 1/6

(89)

Si donc je coupe une pomme en quatre parties égales, et
que j'en retienne trois morceaux, j'aurai les trois quarts de
la pomme, ce qui se marque par cette fraction 3/4.

Q. 220. Écrivez en lettres : 0,54—0,87—0,025—0,036—
0,312—0,459—0,921—0,804—0,0032—0,0053—0,0437, etc.

╂ 11,19—35,43—38,256—3,049—63,307—27,350—
134,844—256,0781—10,6073—200,0734—2980,829 , etc.

Q. 221. Écrivez en chiffres : Cinq dixièmes.—Cinq centièmes.—
Cinq millièmes.—Cinq dix-millièmes.—Cinq cent-millièmes.—
Cinq millionièmes.—Quarante-trois centièmes, etc.

╂ Quatre unités et sept dixièmes.—Vingt-trois unités et huit
dixièmes.—Six unités et quarante-cinq centièmes.—Trente-six
unités et soixante-seize centièmes.—Cent trente-quatre unités
et soixante-quinze centièmes.—Deux mille cent quarante-deux
unités et neuf cent six millièmes, etc.

Origine des fractions et comment on les forme.

Q. 222. Puisque les fractions sont toujours des parties de
nombres entiers ou de petites parties de l'unité, quelles fractions peut-on former par les parties suivantes :

75 cent. parties du franc ?	R. Les	3/4	du franc.
5 décim. partie du mètre ?	R. C'est la 1/2		du mètre.
5 hectogr. partie du kilo. ?	R.	1/2	kilogr.
25 décagrammes ?	R.	1/4	du kilogr.

Remarque. Dans une division, le dividende peut être regardé comme numérateur, et le diviseur comme dénominateur
d'une fraction, et quand il y a un reste à la division, ce reste
est une petite partie du diviseur.

Q. 223. D'après la remarque ci-dessus, si je divise une
somme quelconque par 24 et qu'il me reste 7 à la fin de la division, quelle sera cette fraction ?

Q. 224. J'avais dans ma bourse 638 francs ; j'ai donné pour
faire un paiement 319 francs ; plus pour les dépenses du ménage, 159 francs 5 déc. ; plus aux pauvres 31 francs 9 déc. :
on demande à réduire en fractions les sommes que l'on a prises
dans la bourse qui font partie de la somme totale de 638 francs
ainsi que celle qui reste dans la bourse ? R. Les 319 fr. em-

ployés au paiement sont la moitié ou 1/2 de la somme totale

159 francs 5 déc. pour le ménage

  sont le   1/4 de la somme.

31 francs 9 déc. pour les pauvres.   1/20 de la somme.

Il reste dans la bourse 127 fr. 6 déc.

  qui sont   1/5 de la somme totale.

Moyen de simplifier une fraction sans lui faire changer de valeur.

Q. 225. Quelle est la plus simple expression de 324/756 ?

Explication. Une fraction est d'autant plus simple que ses deux termes sont plus petits ; et comme il s'en rencontre souvent dont les termes peuvent se diviser exactement par un même nombre, on ne doit pas omettre cette division qui simplifie la fraction sans en changer la valeur ; par exemple 4/6 est la même chose que 2/3, et dans la question ci-dessus on voit aussi que 324/756 est la même chose que 3/7.

D. Que faut-il savoir pour pouvoir réduire facilement une fraction à sa plus simple expression ?

R. Il faut premièrement savoir qu'il faut diviser le *numérateur* et le *dénominateur* de la fraction par un même nombre. Secondement, il faut connaître les règles suivantes :

1° Tout nombre terminé par un chiffre pair est divisible par 2.

2° Tout nombre terminé par 5 est divisible par 5, et tout nombre terminé par o est divisible par 5 et par 10.

3° Tout nombre dont la somme des chiffres ajoutés ensemble fera 3, ou un nombre exact de fois 3, sera divisible par 3 ; par exemple, 9546 est divisible par 3, parce que les chiffres 9, 5, 4, 6, font 24 qui est un multiple de 3 et qui contient 8 fois 3.

4° Le chiffre 9 a la même propriété, c'est-à-dire, que si la somme des chiffres d'un nombre contient 9, ou un certain nombre de fois 9 exact, ce nombre sera divisible par 9, par exemple 873 est divisible par 9, parce que la somme des chiffres 8, 7, 3, est 18 qui est un multiple de 9 ou qui contient deux fois 9.

Il n'y a que le chiffre 3 et le chiffre 9 qui aient cette propriété parce que la somme des chiffres de tous multiples de *trois* contient 3, un nombre de fois exact, comme on le voit dans les multiples de 3 suivants : 12, 15, 18, 21, 24, 27, etc. Pareillement la somme des chiffres de chaque multiple de 9, contient 9, un nombre de fois exact, comme on le voit dans les multiples de 9 suivants : 18, 27, 36, 45, 54, 63, 72, etc.

5º Après avoir reconnu qu'un nombre est divisible par 2 et en même temps par 3, on doit conclure qu'il est divisible par 2 fois 3, c'est-à-dire par 6 ; par la même raison un nombre qui sera divisible par 3 et par 5 sera divisible par 3 fois 5, ou 15. La même chose doit s'entendre pour tout autre nombre.

D'après ces règles, pour opérer la question 220, il faut diviser les deux nombres de la fraction 324/756 par 2 par 2 par 9 par 3.

Opération.

	324/756
divisé par 2	162/378
par 2	81/189
par 9	9/21
par 3	3/7

Explication. Comme le dernier chiffre de chaque terme est pair dans la première et seconde division, il faut diviser par 2 ou prendre la moitié ; à la troisième division chaque terme étant un multiple de 9, il faut diviser par 9 ou prendre le 9me ; à la dernière division les deux termes étant multiple de 3, il faut diviser par 3 : ainsi 324/756 ou 3/7mes sont la même chose.

Q. 226. Réduisez 350/650 à sa plus simple expression ?

Il faut premièrement diviser par 10 en retranchant le zéro reste 35/65, ces deux termes sont divisibles par 5 puisqu'ils sont terminés par le chiffre 5 ; il faut donc prendre le 5me de 35 et le 5me de 65, reste 7/13mes

Remarque. Les nombres 1, 2, 3, 5, 7, 11, 13, 17, etc. qu'on ne peut diviser que par eux-mêmes, ou par l'unité, s'appellent nombres premiers. Deux nombres comme 12 et 35, ayant chacun en particulier, des diviseurs, mais dont aucun n'est commun à l'un et à l'autre, sont dits *premiers entre eux.*

Une fraction qui aurait pour numérateur et pour dénominateur des nombres, *premiers entre eux*, serait donc une fraction irréductible, ou qui n'a pas de plus simple expression.

Additions et soustractions des Fractions.

D. Comment se fait l'addition des fractions ?

R. 1o En ajoutant ensemble tous les numérateurs, quand les fractions sont en même dénomination;

2° Quand les fractions ne sont pas en même dénomination, il faut les y mettre en choisissant un nombre qui puisse être divisé sans reste, par chacun des dénominateurs;

3o Quand les dénominateurs ne sont pas sous-multiples les uns des autres, et qu'on ne peut par conséquent trouver un nombre qui les divise sans reste, il faut multiplier tous les dénominateurs l'un par l'autre; on peut se dispenser de multiplier par ceux qui sont sous-multiples de quelques autres.

Nous allons donner des exemples de ces trois cas.

Q. 227. On demande combien il y aura d'unités ou d'entiers dans les fractions suivantes !

Exemple du premier cas:

1/8	*Preuve*	7/8
3/8		5/8
5/8		3/8
7/8		1/8
16/8		16/8
2 entiers		2 entiers

Exemple du second cas.

24 D. C.

$$2/3 \quad 8 \times 2 = 16/24$$
$$3/4 \quad 6 \times 3 = 18/24$$
$$5/6 \quad 4 \times 5 = 20/24$$
$$1/8 \quad 3 \times 1 = 3/24$$
$$57/24$$
$$2 \text{ ent. } 9/24$$

Autre exemple du second cas avec la preuve.

36. D. C.

$$3/9 \quad 4 \times 3 = 12/36$$
$$4/18 \quad 2 \times 4 = 8/36$$
$$5/36 \quad 1 \times 5 = 5/36$$
$$3/6 \quad 6 \times 3 = 18/36$$
$$1/3 \quad 12 \times 1 = 12/36$$
$$55/36$$
$$1 \text{ entier } 19/36$$

36 D. C.

$$Pr. \; 6/9 \quad 4 \times 6 = 24/36$$
$$14/18 \quad 2 \times 14 = 28/36$$
$$31/36 \quad 1 \times 31 = 31/36$$
$$3/6 \quad 6 \times 3 = 18/36$$
$$2/3 \quad 12 \times 2 = 24/36$$
$$125/36$$
$$3,17/36$$
$$1,19/36$$
$$\text{en tout} \quad \textbf{5 entiers.}$$

D. Comment fait-on la preuve de ces règles ?

R. Par une autre addition des fractions qui ont pour dénominateurs les mêmes que ceux de la règle, pour numérateurs ce qui manque aux numérateurs de la règle, pour que chacun soit égal à son dénominateur. On fait la somme de ces fractions que l'on joint à la somme des fractions de la règle ; si le total donne autant d'unités qu'il y a de fractions dans la question, la règle est bien faite.

Exemple du troisième cas.

Il faut se rappeler que cette croix $\times$ veut dire *multiplié par*, et ces $=$ deux traits d'union signifient *font* ou *égale*.

	5040				5040	
1/5	1008	1008		4/5	1008 $\times$ 4 = 4032	
1/10	504	504		9/10	504 $\times$ 9 = 4536	
1/4	1260	1260		3/4	1260 $\times$ 3 = 3780	
3/4	1260 $\times$ 3 = 3780			1/4	1260 $\times$ 4 = 1260	
5/6	840 $\times$ 5 = 4200			1/6	842 $\times$ 1 = 842	
2/3	1680 $\times$ 2 = 3360			1/3	1480 $\times$ 1 = 1680	
5/8	360 $\times$ 5 = 3150			3/8	630 $\times$ 3 = 1890	
7/12	420 $\times$ 7 = 2940			5/12	420 $\times$ 5 = 2100	
2/5	1008 $\times$ 2 = 2016			3/5	1008 $\times$ 3 = 3024	
3/7	720 $\times$ 3 = 2160			4/7	720 $\times$ 4 = 2880	
5/24	210 $\times$ 5 = 1050			19/24	210 $\times$ 19 = 3990	
3/16	315 $\times$ 3 = 945			13/16	315 $\times$ 13 = 4095	
5/9	560 $\times$ 5 = 2800			4/9	560 $\times$ 4 = 2240	
3/14	360 $\times$ 3 = 1080			11/14	360 $\times$ 11 = 3960	
1/35	144 $\times$ 1 = 144			84/35	144 $\times$ 34 = 4896	
5/63	80 $\times$ 5 = 400			58/63	80 $\times$ 58 = 4640	

multiplic. des   30797   { 5040   49843
dénominateurs   557   { 6 unités. 557/5040   557

$5 \times 7 \times 9 \times 16$ 50400

font 5040. D. C.   ou 10 un.

Explication. Il faut faire attention que cette nombreuse division de fraction a été réduite à son plus simple commun dé-

nominateur ce qui rend la règle bien plus facile. On n'a multiplié que par 4 fractions, ou dénominateurs, par 5 par 7 par
9 par 16 qui ne sont pas contenus sans reste l'un dans l'autre,
ce qui a produit 5040 pour commun diviseur, de toutes ces
fractions, quoiqu'il y en ait 16 différents.

C'est que sur 16 vous trouvez 2, 4, 8, sur 5 vous trouvez
10, sur 9 et sur 7 vous trouvez 63 parce que 7 fois 9 font 63,
5 et 7 sont aussi sous-multiples de 35. C'est ce qu'il faut s'ha-
bituer à connaître en posant les fractions et leur dénominateur.

Par exemple au lieu de poser 5/10 posez 1/2 au lieu de poser
6/8 posez 3/4, etc.

Quand on prend les fractions au lieu de chercher, par exemple combien est le 63me de 5040, ce qui est difficile, il faut
se servir du troisième moyen d'abréger la division, page 66.
C'est-à-dire prendre le 9me du 7me, et au lieu de chercher le
35me, prendre la 7me partie du 5me.

Réponse à la question 222. *Exemple du* 1er *cas*, 2 entiers
ou unités.

Exemple du second cas, 2 unités et 9/24.

Autre exemple du second cas, une unité et 19/36.

Exemple du troisième cas, 6 unités 557/5040.

Multiplications et divisions des fractions.

D. Faites-nous connaître les règles qui servent à la multiplication et la division des fractions?

R. Voici les principales avec des exemples :

1° Quand on multiplie le numérateur sans toucher au dénominateur, la fraction se trouve multipliée : ainsi 3/5 vaut 3 fois,
plus que 1/5, et 10/21 est le double de 5/21.

2° On diminue une fraction en diminuant son numérateur
sans changer son dénominateur ; c'est ainsi que 1/4 est le *tiers*
de 3/4 ; 5/21 sont la moitié de 10/21.

3° Au contraire, on diminue une fraction lorsqu'on augmente son dénominateur, sans changer son numérateur ; car
on conçoit alors plus de parties dans l'unité, elles deviennent
donc plus petites. C'est ainsi que 3/8 sont moins que 3/4, et
2/10 sont la moitié de 2/5.

Si donc l'on multiplie le dénominateur sans toucher au numérateur, la fraction sera divisée et par conséquent plus petite. Ainsi si l'on veut avoir le *tiers* de 4/7 il n'y a qu'à multiplier 7 trois fois, ce qui fera 4/21. De même 4/15 est le *tiers* de 4/5, 1/12 est le *quart* d'un tiers.

4° On augmente une fraction, lorsqu'on diminue son dénominateur sans changer son numérateur. Ainsi 5/6 sont quatre fois plus que 5/24.

On peut résumer comme il suit les règles précédentes :

En multipliant \} le numérateur, \{ on multiplie \} la fraction.
En divisant   on divise

En multipliant \} le dénominateur, \{ on multiplie \} la fraction.
En divisant   on divise

5° Si l'on divise à la fois par le même nombre le dénominateur et le numérateur d'une fraction, sa valeur ne change point. Ainsi, la fraction 2/4 est égale à 1/2, et 3/9 est égale à 1/3, et 4/20 à 1/5.

On voit par là que la même grandeur, par les fractions peut être exprimée d'une infinité de manières ; par exemple, toutes ces fractions 1/2, 2/4, 3/6, 4/8, 5/10, etc., dont le dénominateur contient deux fois le numérateur expriment, sous des formes différentes, la *moitié* de l'unité ou de l'entier.

1/3, 2/6, 3/9, 4/12, 5/15, 6/18, 7/21, etc.

dont le dénominateur contient 3 fois le numérateur, représentent toutes le *tiers* de l'unité.

6° On réduit des entiers en fractions, en les multipliant par le dénominateur de la fraction.

Lorsqu'il y a une fraction jointe aux entiers, on ajoute le numérateur au produit. Ainsi 18 mètres 1/8 feront 145/8 parce que 18 ✕ par 8 = 145.

7 mètres et 2/3 font 23/3 parce que 7 ✕ 3 = 21 plus 2 = 23, donc 23/3.

7° Pour réduire les fractions en entiers lorsqu'elles en contiennent, il faut diviser le numérateur par le dénominateur, le quotient donnera les unités. Ainsi, en 12/4 il y a 3 unités, parce qu'en divisant 12 par 4 il revient 3 au quotient. En 418/19 il y a 22 unités.

D. Que faut-il faire pour convertir les Fractions ordinaires en Fractions Décimales ?

R. Il faut disposer les deux termes comme dans la division ; on écrit un zéro au quotient, et à la droite une virgule : on met ensuite un zéro à droite du numérateur, et l'on divise le nombre résultant par le dénominateur : on obtient au quotient des dixièmes, et un reste. On met un zéro à la droite de ce reste, et l'on divise encore le nombre résultant par le dénominateur ; on obtient un quotient qui exprime des centièmes, et un reste. On continue cette série d'opérations jusqu'à ce qu'on ait autant de chiffres décimaux qu'on en veut avoir. Démonstration analogue à celle du numéro 5o.

Q. 223. Quelle est la valeur de cette fraction 7/8 en décimale ?

Opération.

$$
\begin{array}{r|l}
7000 & \text{8 diviseur.} \\
6\text{o} & \overline{\text{0,875 quotient.}} \\
4\text{o} & \\
\text{oo} &
\end{array}
$$

Q. 224. Comment faut-il réduire en Fraction Décimale la Fraction ordinaire. $\frac{5}{8}$.

$$
\begin{array}{r|l}
5\text{o} & 8 \\
2\text{o} & \overline{\text{0,625}} \\
4\text{o} & \\
\text{o} &
\end{array}
$$

Disposant l'opération, comme on le voit, j'écris au quotient un zéro et à sa droite une virgu.e : mais comme une unité simple vaut 10 dixièmes, il s'ensuit que $\frac{5}{8}$ d'unité $= \frac{5\text{o}}{8}$ de dixième. Divisant 5o par 8 j'ai pour quotient 6 dixièmes, plus $\frac{2}{8}$ de dixième. De même, un dixième valant 10 centièmes, il s'ensuit que $\frac{2}{8}$ de dixième $= \frac{2\text{o}}{8}$ de centième : effectuant cette nouvelle division, je trouve 2 centièmes, plus $\frac{4}{8}$ de centième. J'écris un nouveau zéro à la droite du reste 4, et divisant 4o par 8, j'obtiens pour quotient exact 5 millièmes. Donc la fraction $\frac{5}{8}$ = 0,625.

De même $\frac{4}{5}$ 0,8 ; = 0,8 ; $\frac{3}{8}$ = 0 375 ; $\frac{7}{2}$ = 0,35 ; $\frac{2}{3}$ = 0,666 $\frac{4}{11}$ = 0,3630... $\frac{7}{12}$ = ,0,58333... etc.

Les exemples précédents font voir que parmi les fractions ordinaires les unes sont équivalentes à des expressions décimales finies, les autres à des expressions décimales infinies.

Q. 225. Mettez en fraction décimale $\frac{32}{128}$?

Q. 226. On propose de réduire $\frac{4}{9}$ en décimales, à moins d'un millième près ?

Lorsque le numérateur contient des décimales, on met un pareil nombre de zéros à la suite du dénominateur, et on fait la division à l'ordinaire, ensuite on sépare au quotient autant de décimales qu'il y en a à ce numérateur ?

Q. 227. Quelle est la valeur de cette fraction $\frac{11,775}{16}$, réduite en décimales ?

Q. 228. Quelle est la valeur de $\frac{4.37}{8.74}$ en décimales ?

FIN DE LA SECONDE PARTIE.

PRINCIPES ÉLÉMENTAIRES

D'ARITHMÉTIQUE PRATIQUE.

TROISIÈME PARTIE.

DU COMMERCE,

ET DES PRINCIPAUX ACTES CIVILS ET COMMERCIAUX.

D. Faites-nous connaître l'origine et la nature du commerce ?

R. Les hommes, dès le berceau de la société, éprouvèrent le besoin d'échanger leurs biens, ou les produits de leur industrie ; avec le temps cet échange se fit d'une manière régulière ; de là, la répartition des différents états, de là encore, la nécessité des excursions maritimes. Les Phéniciens passent pour avoir été les premiers à commercer sur les mers.

D. Quels sont les principaux actes commerciaux ?

R. Il y en a un assez grand nombre ; nous nous bornerons aux plus indispensables, savoir : *la Facture, la Lettre d'Avis, la Lettre de Voiture, le Reçu, la Lettre de Change, l'Endossement, le Protét,* etc.

D. Qu'est-ce que *la Facture ?*

R. La *Facture* est un compte détaillé, transmis à l'acheteur par le vendeur, renfermant le nombre, le poids, la qualité et le prix des marchandises, avec les conditions et la date de leur payement. En voici un modèle :

Marseille, le 1ᵉʳ janvier 1842.

Doit M. Aubert, d'Avignon, à Robinson et Cⁱᵉ, de Marseille, les articles suivants payables dans Marseille à six mois ou sous l'escompte de 4 pour º/º.

======================== SAVOIR : ========================

	Fr.	C.
5o kilogrammes Savon à 1 fr. 5o. .	75o	» »
3 balles Poivre blanc, ensemble 4oo kilogrammes.	1ooo	» »
4 balles de riz, 3oo kil. à 45 cent. le kilogramme.	135	» »
6o kilogrammes Sucre à 1 fr. 8o cent. le kilogramme.	54o	» »
Total. . . Fr.	2425	» »

D. Qu'est-ce que la *Lettre d'Avis?*

R. On appelle ainsi une lettre du vendeur à l'acheteur, pour prévenir celui-ci du départ de la marchandise , lui donner facture, lui faire connaître les moyens de transport employés et l'aviser des échéances ou époques du payement.

La marchandise voyage pour le compte de l'acheteur, à moins de conventions expresses contraires. Ainsi les sinistres, avaries que la marchandise peut éprouver sont à la charge de l'acheteur.

MODÈLE.

Marseille, le   184

A M. H B***, négociant à Avignon,

Je vous avise d'expédition d'une Caisse et deux Colis marqués HB. n. 1 , 2 , 3 , renfermant les divers objets que vous m'avez commissionnés par votre lettre du 4 courant , et dont vous avez plus bas facture, se montant à 345o francs ; pour solde desquels j'ai fourni sur vous un mandat à mon ordre et à trois jours de vue; veuillez en prendre bonne note et lui réserver un favorable accueil.

J'ai l'honneur de vous saluer,

ROBINSON et Cie.

Autre Modèle de Lettre d'avis à un marchand.

M.

Je vous donne avis que je fais partir aujourd'hui, selon votre ordre, par le nommé N***, voiturier dans cette ville, un ballot à votre adresse, marqué P. T.; dans lequel vous trouverez cequi suit ;

Douze pièces de ruban rouge,   à 4 fr. la pièce,
montent à . . . . · 48 f.
Douze pièces de padou ou floret, à 1 fr. 50 centimes
la pièce, montent à . . . . · 18
Cinquante kilog. de noix de Galle commune, à un franc
le kilog., montent à. . . . . · 50

Total. . . . , ... 160 f.

De laquelle somme j'ai tiré lettre de change sur vous à huit jours de vue, à laquelle je vous prie de faire honneur,

Votre très-humble, etc.

S.

D. Qu'entendez-vous par la *Lettre de Voiture* ?

R. La *Lettre de Voiture* est une formule exprimant le poids, la contenance, la nature, la marque des marchandises transportées, le nombre de jours accordés pour le transport, le domicile, le nom du commissionnaire, du voiturier et du destinataire, et le prix de la voiture avec les indemnités dans le cas d'un retard.

MODÈLE.

Avignon, le 15 octobre 1842.

Monsieur,

A la garde de Dieu, et sous la conduite de, (*vous énoncez ici le nom et la demeure du voiturier ; si c'est par terre ou par eau*) je vous envoie, (*vous détaillez ici si ce sont des objets fragiles, tels que porcelaine, verrerie, pendule, vases, ou bien si ce sont des caisses, des tonnes, des ballots ; enfin, vous expliquez quelle est la nature des marchandises que vous expédiez*) marqués comme en marge et pesant, (*indiquer le poids total*,) lesquels vous étant rendus bien conditionnés dans (*dire ici le nombre de jours de route*) vous lui payerez la voiture à raison de....... du cent pesant; et faute de vous les livrer comme dessus, vous lui diminuerez un tiers du prix de la voiture.

Votre, etc.

Signature.

A M. Blaisot, négociant à Valence.

Nota. En cas de déficit ou d'avarie provenant de la faute du Voiturier, l'évaluation en sera faite de suite, et supportée par lui ou son préposé. On sera sans recours contre le Commissionnaire, dans le cas d'avarie ou manque de Marchandises énoncées en la présente, si, au préalable, on n'a fait ses diligences contre ledit voiturier, qui n'est pas néanmoins responsable des objets fragiles, ni du coulage des liquides. Les lettres de voiture doivent être sur papier timbré, de 35 centimes.

D. Qu'est-ce que le *Reçu* ?

R. Le *Reçu* autrement appelé *Quittance* est une déclaration écrite constatant qu'une somme, ou autre valeur ont été reçues en payement ; si c'est pour solde ou simplement un à-compte, et des mains de qui on les a reçues. La Quittance, la Décharge, le Reçu et le Récépissé doivent comme les Lettres de voiture être sur papier timbré de 35 c., Code civil, art. 1248.

MODÈLE.

Je soussigné N......   reconnais avoir reçu de M. R..., la somme de... pour..., *(désigner la cause pour laquelle cette somme était due, indiquer encore si c'est pour solde, ou seulement à-compte)* au moyen de quoi je le tiens quitte et décharge.

A Marseille, le   *(Signature.)*

Quittance d'argent prêté.

Je soussigné, reconnais avoir reçu de M. *N......* la somme

de quatre-vingt-dix francs , que je lui avais prêtée , suivant sa promesse du quatre juin dernier , que j'ai remise entre ses mains.

A Paris , ce 10 août 1841.

Quittance pour intérêt d'argent reçu.

JE reconnais avoir reçu de M. *N...* la somme de vingt francs, pour une année des intérêts de la somme de quatre cents francs qu'il me doit, échue le premier janvier 1843.

Paris , ce 6 janvier 1843.

Quittance d'une somme payée en grains.

JE reconnais avoir reçu de *N.* la somme de cent vingt-cinq francs, de laquelle je suis convenu avec lui pour tous grains, tant blé, orge, avoine qu'il me doit du reste des années passées, au moyen de quoi je quitte ledit *N.* pour ledit tems.

Fait à Paris , ce

Quittance d'un ouvrier.

JE soussigné *N.*, reconnais avoir reçu de *N.* la somme de Cent quatre-vingts francs pour avoir travaillé pendant deux mois, à raison de trois francs par jour, de laquelle somme je me tiens content pour mon dit travail, et quitte ledit *N.* jusqu'à ce jour.

Fait à Paris , le

Autre quittance pour les arrérages d'une rente.

JE soussigné *N.*, reconnais avoir reçu de monsieur *N.* la somme de   pour une année d'arrérages de la rente de   qu'il me doit, échue au   du mois de   dernier, de laquelle somme je quitte ledit *N.*

Fait à Paris , ce

Quittance donnée par une femme en l'absence de son mari.

JE soussigné *N.*, femme de   de lui autorisée, reconnais avoir reçu du sieur *N.* la somme de

à compte de ce qu'il doit à mon mari
par sa promesse ou obligation du   de
laquelle somme je promets audit *N.* lui tenir ou faire tenir
compte sur et en déduction de ladite somme de
au moyen de quoi je lui ai donné la présente.

 Fait à Paris, ce

Quittance pour loyer d'une maison.

Je reconnais avoir reçu de Monsieur *N.* la somme de
     pour une année de loyer de la boutique
ou appartement qu'il tient de moi, échue au terme de Pâques,
(ou de la Saint-Jean, ou de Noël dernier), de laquelle somme
je le quitte.

 Fait à Paris, ce

Quittance de maçon.

Je soussigné, reconnais avoir reçu de M. *N.* la somme de
     pour tous les ouvrages de maçonnerie
que j'ai faits à sa maison sise à Paris, rue de Sèvres, et pour
avoir fourni les matériaux, plâtre, et autres choses servant à
la maçonnerie, le tout suivant la convention et accord ci-devant
transcrits, de laquelle somme je me trouve content et en quitte
mondit sieur.

 Fait à Paris, etc.

Reconnaissance.

Je reconnais avoir en mes mains la somme de
     appartenant à madame *N.*, qu'elle m'a prié
de lui garder, à raison de quoi, et pour sa sûreté, je lui ai
donné la présente, laquelle me rapportant, je lui rendrai ladite somme.

 Fait à   le

Reconnaissance portant promesse de passer contrat de constitution d'une somme empruntée.

Je reconnais que monsieur *N.* m'a présentement prêté la
somme de dix-huit cents francs pour employer à mes affaires,
de laquelle somme de dix-huit cents francs je lui promets passer

contrat de constitution à sa volonté, et cependant lui en payer l'intérêt légal à compter d'aujourd'hui.

Fait à   ce

Observation. Il faut toujours mettre une cause pour laquelle on nous a prêté la somme que nous nous obligeons de rendre.

Reconnaissance de dépôt de divers objets.

Je soussigné N..., reconnais que M. L...., m'a remis en dépôt.... *(désigner les objets)*, pour lui être rendu à sa première réquisition.

A   ce   *(Signature.)*

Décharge de Dépôt.

Je soussigné N...., reconnais que M. N...., m'a remis cejourd'hui sur ma demande, les montres et effets que j'avais déposés dans sa maison... *(les désigner)*, et que j'ai trouvés en même état que je les avais déposés; ce pour quoi je le tiens quitte et décharge dudit dépôt.

A   ce   *(Signature.)*

D. Qu'est-ce que la *Lettre de Change?*

R. C'est une sorte de Mandat qu'un négociant ou un banquier remet à un autre pour se faire payer ailleurs une somme déterminée. L'invention des Lettres de Change attribuée aux Lombards ou aux Florentins remonte à l'année 750; elle fut renouvellée, d'autres disent créée, en 1181 par les Juifs qui obligés d'émigrer, se servirent de ce moyen pour transporter aisément au loin leur fortune.

D. Combien de personnes figurent-elles dans une Lettre de Change ?

R. Elles sont le plus souvent au nombre de trois, le *tireur*, à qui il est dû, le *donneur de valeur* à l'ordre duquel la lettre de Change est faite et le *payeur* qui doit l'acquitter. Le tireur met *valeur reçue comptant*, ou *en marchandises*, ou *en compte* ou *pour solde*, on met *valeur en moi-même* si la lettre est fournie par le tireur sur lui-même pour être négociée et se procurer des fonds, c'est une sorte d'emprunt. Une Lettre de Change qui ne renfermerait point d'ordre, ne peut circuler dans le commerce.

D. Quelle est l'utilité de cette formule : *à l'ordre de...* ou *à mon ordre*.

Le mot d'*ordre*, qui est dans les lettres-de-change et les billets, est mis pour la facilité de les faire passer de main en main, sans qu'il soit nécessaire d'aucun autre transport.

Celui qui met son ordre et son nom au dos d'une lettre-de-change ou d'un billet, est responsable de la valeur, sauf son recours sur celui qui a fait le billet ou qui a tiré la lettre-de-change ; et s'il y a plusieurs endosseurs, le porteur de la lettre et du billet, peut choisir celui qu'il veut pour en retirer la valeur, après avoir demandé paiement à celui qui doit le billet : pourvu toutefois qu'il soit échu, et que le protêt en ait été fait dans le temps convenable.

D. Combien y a-t-il de manière de tirer les Lettres de Change ?

Il y a trois façons de tirer les lettres-de-change, savoir : *à vue*, *à tant de jours de vue*, et *à usances*.

A vue ; c'est-à-dire que la lettre est payable en la présentant, ainsi il n'est pas besoin de la faire accepter.

2° A un ou plusieurs jours . . . .⎫
    A un ou plusieurs mois . . . . ⎬ de vue.
    A une ou plusieurs usances . . . . . .⎭

3° A un ou plusieurs jours . . . .⎫
    A un ou plusieurs mois . . . . ⎬ de date.
    A une ou plusieurs usances . . . . . .⎭

4° A jour fixe, ou à jour déterminé, en foire.

chaque usance est de trente jours.

Par le nouveau Code de commerce (liv. I , art. 135) *tous les délais de grâce, de faveur, d'usages ou d'habitudes locales, pour le paiement des lettres-de-change, sont abrogés.* faute de paiement ou d'acceptation, la Lettre de Change doit être protestée.

D. Qu'est-ce que le *Protêt ?*

R. C'est une formule légale d'acte, où l'on déclare que celui qui a fait un billet ou sur qui est tirée une Lettre de Change, ou son correspondant sera responsable de tous les frais et préjudices résultants de son refus.

On peut faire protester pour une portion de la somme non acceptée, comme pour cette somme toute entière.

5.

Le protêt se fait, en cas de refus de paiement, le lendemain du jour de l'échéance. Si c'est un jour férié légal, c'est-à-dire dimanche ou fête, il se fait le jour suivant. Le porteur d'un billet qui a négligé de faire protester dans le temps permis, perd son recours sur les endosseurs.

MODÈLES.

Lettre de Change à vue.

Paris, ce 24 mai 1834.   Bon pour 1500 francs.

A vue, il vous plaira payer par cette seule de change, à l'ordre de M. Duclos, la somme de QUINZE CENTS FRANCS, valeur reçue comptant, et que vous passerez au compte de votre serviteur.

A Monsieur   LÉONARD.
Calmin, négociant, rue Longue
   A Lyon.

Observations. Ces sortes de lettres doivent être payées en les présentant; et faute de paiement, il faut en faire le protêt. On met quelquefois, *par cette première de change*, afin que si elle n'est pas payée, on mette dans une nouvelle, *par cette seconde de change, ma première n'étant point payée.*

Nota. Les Lettres-de-change, Billets à ordre et Promesses qui suivent, doivent s'écrire en travers. Ces écrits doivent être sur papier timbré.

Autre manière de faire une seconde lettre de change, la première étant perdue.

A Orléans, le   Pour 320 fr.

A huit jours de vue, il vous plaira payer par cette seconde de change, la première ne l'étant pas, à l'ordre de M. Desbois, la somme de trois cent vingt francs, valeur reçue de M. Virtra, et que vous passerez suivant l'avis de votre serviteur.

   A M.   L.

Autre à quinze jours de vue.

Paris, le 14 janvier 1834.   Pour 152 fr.

A quinze jours de vue, il vous plaira de payer à monsieur N., marchand à   ou à son ordre, la somme de cent cinquante-deux francs, valeur reçue de monsieur N., que passerez en compte suivant l'avis de

A M.   Votre très-humble
                                         serviteur,
                                              N.

Dans ces deux formules le payeur n'est obligé qu'après qu'on lui a présenté les valeurs et que les jours fixés sont expirés.

Lettre de change à échéance fixe.

A Orléans, le 26 février 1834.   Pour 320 fr.
              M.

Au trente mars prochain, il vous plaira payer par cette première de change, à l'ordre de M. Desbois, la somme de trois cent vingt francs, valeur reçue de M. Virtra, et que vous passerez suivant l'avis de

A M.   Votre très-humble
                                         serviteur,
                                              L.

Mandat.

Paris, le

Au dix juin (ou à vue); je vous prie de payer contre ce présent Mandat, à l'ordre de M. Servier, la somme de trois cents francs, valeur reçue comptant dudit, et que passerez pour solde (ou en compte) suivant l'avis de votre serviteur.

A M.   A.
    à

N. B. *On n'emploie pas ordinairement du papier timbré pour les mandats qui doivent être considérés comme des valeurs de confiance. Légalement parlant le porteur n'en est pas moins autorisé à faire timbrer, en payant l'amende et faire protester s'il craint pour la sûreté de sa créance.*

D. Qu'est-ce que le *Billet à Ordre ?*

R. C'est un effet dont le souscripteur s'engage à payer,

à une époque déterminée à un tel ou à son ordre, une somme quelconque, de la manière spécifiée dans ledit billet.

D. Quelle différence y a-t-il entre *le Billet à Ordre* et *la Lettre de Change ?*

R. Toute la différence consiste en ce que dans le *Billet à Ordre* deux personnes seulement figurent au lieu de trois ; les diverses dispositions relatives aux Lettres de Change concernant l'échéance, l'endossement, le protêt, les intérêts sont sans exceptions applicables au Billet à Ordre.

D. Que faut-il faire pour rendre une Lettre de Change ou un Billet négociable ?

R. Pour rendre un billet négociable, c'est-à-dire, pour le pouvoir donner en paiement à une personne, après l'avoir reçu soi-même de celui qui l'a fait, il faut, comme pour les lettres de change, l'*endosser*. Pour cela on écrit sur le dos du billet, dans sa largeur, ce qui suit et qu'on appelle l'*endossement*:

*Payez à l'ordre de M. N***. valeur reçue comptant, ou valeur en compte.*

Paris, ce 8 octobre 1841.

Signature.

Si M. *N....* veut passer le billet à un autre, il en fait autant, et ainsi de suite. Il est défendu d'antidater les ordres, à peine de faux.

Quand on a reçu la somme portée dans le corps du billet, ou de la lettre de change, au temps de l'échéance et de la part de celui qui a fait le billet, on écrit au dos, après le dernier endosseur, s'il y en a :

Pour acquit de la susdite somme, ce.... et l'on signe.

MODÈLES.

Billet à ordre.

Au trente   prochain, je payerai à M. B., marchand à   ou à son ordre, la somme de cent trente francs, valeur reçue en marchandise, ou valeur reçue comptant payable à mon domicile, à Marseille, rue   n°

Fait à   ce   1843.

B. P. 130 francs.   *Signature du Souscripteur.*

Formule de Promesse solidaire.

Le   prochain, nous payerons solidairement à M..... ou à son ordre, la somme de *(en toutes lettres)*, valeur reçue en   *(exprimer de quelle manière)*, payable au domicile de M.   à   , rue   , no
Fait à   ce   1843.

B. P. »» fr. »» c.   *(Signature.)*

Promesse où la femme s'oblige avec son mari.

Nous soussignés, Joseph Courteil et Anne Sadier, que j'autorise à l'effet des présentes, promettons payer solidairement à monsieur Suaffin ou à son ordre le premier février 1845, la somme de trois cents francs, valeur reçue comptant.
Fait à Paris, ce

J. Courteil. A. Sadier.

Observation. Dans une promesse solidaire d'un mari et de sa femme, il est essentiel que le mari mette la clause, *que j'autorise à cet effet;* autrement l'obligation serait nulle de la part de la femme, à moins qu'elle ne fût séparée de biens ou autorisée par la justice.

Promesse pour reste de somme due.

Je reconnais devoir à monsieur *N.* la somme de cent trente francs restante de celle de trois cent quarante francs, qu'il m'avait prêtée, laquelle somme de cent trente francs je promets de lui payer ou à son ordre dans l'espace de six mois.
Fait à   ce

Formule de simple promesse ou billet non négociable.

Je soussigné, promets de payer le
prochain à monsieur *N.* la somme de cent francs valeur reçue comptant.
A   ce

D. Que faut-il observer dans les Lettres de Change et les Billets à Ordre ?

R. 1º Il faut toujours exprimer la somme en toutes lettres et non en chiffres, parce que rien n'est plus facile que d'ajouter un zéro ou de changer les chiffres.

2o On ne doit jamais omettre la formule à *l'ordre de* ; car autrement le billet ne serait plus qu'une simple obligation non négociable, c'est-à-dire, qu'on ne pourrait le passer dans le commerce, il faudrait le transporter.

3o Lorsqu'un billet n'a pas été écrit par la personne dont il est signé, il faut que la somme soit approuvée en toutes lettres.

D. Qu'est-ce que l'*Aval* ?

R. L'*Aval* est une sorte de caution ; c'est une formule par laquelle on s'oblige à payer le contenu d'un billet si le souscripteur ne l'acquitte pas. Le donneur d'Aval est tenu à la garantie solidaire, envers le porteur, et au paiement comme le souscripteur et les endosseurs.

MODÈLE.

Je soussigné.... m'oblige à payer la somme de...., montant du billet ci-dessus, s'il n'est pas acquitté à son échéance par le souscripteur.

Ou mettre : pour Aval de M....., l'un des endosseurs,
A...   le...   An...   *(Signature.)*

FORMULES D'ACTES LES PLUS USUELS.

Pour rendre notre livre utile à un plus grand nombre de personnes, nous allons donner encore quelque formules des actes les plus usuels, nous ajouterons quelques modèles de Mémoires, manière de dresser des Comptes, et nous terminerons par une petite méthode de Tenue des Livres avec des exemples suffisants :

Modèle de Bail à Loyer.

Je soussigné...., reconnais, par le présent, avoir donné à titre de bail à loyer et prix d'argent, pour neuf années qui commenceront à... prochain et finiront à pareil jour de l'an....

Au sieur.., prenant et acceptant, audit titre aussi soussigné, c'est à savoir :

Une maison d'habitation, sise à..., rue..., portant le n°..., à usage de..., consistant...

Il est expressément convenu que...

Se réserve le bailleur de faire des changemens, et s'oblige d'acquitter l'impôt foncier seulement.

A la charge par le preneur d'habiter ladite maison par lui-même, et de ne pouvoir sous-bailler les objets loués sans le consentement du bailleur, et de les entretenir en bon état de réparation, ainsi qu'il est d'usage, etc.

Le présent bail est ainsi fait par et moyennant le prix et somme de... fr. par an... payable, etc.

A compte du présent bail le preneur a présentement payé la somme de..., fr. au bailleur, qui le reconnaît, dont quittance.

Fait et signé double à..., le..., après lecture.

Convention pour acheter en société des marchandises et les partager ensuite.

« Entre nous soussignés R..., d'une part ;

» Et J..., d'autre part ;

» A été convenu de ce qui suit, savoir :

« Que nous ferons en société l'achat... de... *(désigner l'objet)* et paierons moitié par moitié le prix dudit achat, et qu'après ledit achat, il en sera fait entre nous un partage égal, pour chacun de nous en jouir et disposer de la moitié comme il avisera bien, sans que l'un de nous ait droit à aucune répétition sur l'autre, pour plus forte ou moindre valeur de sa moitié qu'il aurait acceptée.

» Fait et signé double. A..., ce...»

(Signatures.)

Résolution volontaire de Société.

« Entre nous P..., N..., E..., S..., associés par acte sous seing-privé, en date du..., pour le commerce de... qui s'exerce en la maison sociale, sise à... rue de...

» A été convenu que la société qui existe entre nous susnommés, sous la raison sociale de P... *et compagnie*, conformément à l'acte de société sus-relaté, est, à partir de ce jour, de notre mutuel et libre consentement, résolue, et au moyen de ce que nous sommes respectivement fait raison de tout ce que nous pouvons nous devoir l'un à l'autre, pour cause de ladite société, nous nous tenons l'uu l'autre particulièrement et généralement quittes.

« Fait et signé quadruple. A...., ce.... »

(Signatures.)

Modèle de promesse de livrer des ouvrages à une époque fixée.

« Entre nous soussignés, d'une part :

« Et d'autre part ;

« A été convenu de ce qui suit, savoir :

« Le sieur.... promet fournir au sieur...., dans le courant d'un mois, à partir de ce jour... pièces de..., payables comptant au moment de la livraison ; à raison de.... fr. par chaque pièce, et si, à l'expiration dudit mois, ledit sieur.... n'a pas fourni audit sieur.... le nombre des.... pièces mentionnées ci-dessus, il promet fournir, dans le courant du mois suivant, ce qui restera pour compléter le nombre promis au sieur..., mais alors le prix de chacune de ces pièces ne sera plus que de.... francs au lieu de.... francs.

« Si le sieur..., à l'époque des livraisons, n'en effectuait pas le paiement comptant, le prix desdites pièces augmentera de.... par chaque quinzaine de retard, et, dans ce cas, le sieur.... aura même l'option de reprendre les pièces fournies non payées et de résoudre le présent, sans néanmoins qu'au-

cune des deux parties puisse exiger des dommages et intérêts
dé l'une envers l'autre.

« Ainsi arrêté fait et signé double. A...., ce....»

Modèle de demande en réduction d'impôts.

A M. le Préfet, ete.

Monsieur,

Le sieur...

Expose qu'il est imposé au rôle de la contribution mobi-
lière de ladite ville, pour l'an.., dans une proportion beaucoup
plus élevée que celle assignée aux autres contribuables de la
même ville ; qu'elle excède d'ailleurs la juste proportion de
son loyer d'habitation, et que, pour se conformer aux
dispositions de l'arrêté des consuls, du 24 floréal an VIII,
déclare présenter pour moyen de comparaison les côtes
mobilières des sieurs 1º..., , 2º..., 3º... tous trois demeurant
dans la rue de..., et dont le revenu comparatif est bien supérieur au sien, et qui cependant se trouvent bien moins
imposés, et conclut à ce que sa cotisation soit établie pro-
protionnellement à celles qu'il indique, et à ce qu'il lui soit
accordé un dégrèvement de la somme à laquelle il se trouve
trop imposé.

Il joint à sa pétition la quittance des termes échus, ainsi
que le prescrit le même arrêté, et il attend avec confiance
l'effet de la justice qu'il réclame et qui lui est due à si juste
titre, et vous rendrez justice.

Présentée ce jour..., an..

Modèle de demande pour réparer une maison située sur une grande route.

A Monsieur le Préfet du département de.

Monsieur le Préfet,

Le sieur...., domicilié à

A l'honneur de vous exposer qu'il est dans l'intention de
faire réparer une maison, sise à...., rue...., nº...., appartenant
au sieur..., et désirerait être autorisé à faire une lucarne et
recouvrir à neuf cette maison, conformément aux réglemens.

En attendant cette autorisation qu'il réclame de votre
justice, Monsieur le Préfet,

Il a l'honneur de vous saluer très-respectueusement.
Présentée le....

DES TESTAMENTS.

Ces actes pouvant faire naître de graves discussions entre les divers co-héritiers, il importe d'y apporter beaucoup d'attention. Il y a trois sortes de Testament, celui fait par acte public, celui dans la forme mystique, et le **Testament** olographe ; nous ne parlerons que de ce dernier.

Le *Testament Olographe* ou *sous seing-privé* est celui qui est écrit tout entier, daté et signé de la main du testateur, il n'est assujetti à aucune autre formalité. **Tout** individu en état de disposer et sachant écrire, peut faire son **Testament** olographe.

D'après l'article 770, un Français qui serait en pays étranger peut faire ses dispositions testamentaires sous seing-privé.

Il est permis de donner par testament :
jusqu'à la moitié de ses biens, si le testateur ne laisse à son décès qu'un enfant légitime ;

Jusqu'au tiers, s'il laisse deux enfans ;

Jusqu'au quart, s'il laisse trois enfans ou un plus grand nombre ;

Jusqu'à la moitié, si, faute d'enfants, il laisse un ou plusieurs ascendants dans chacune des lignes paternelle et maternelle ;

Jusqu'aux trois quarts, si, à défaut d'enfant, le testateur ne laisse d'ascendants que dans une ligne ;

Jusqu'à la totalité, si, à défaut d'enfans, il ne laisse ni ascendants ni descendants.

Le nom d'enfants comprend tous les descendants à quelque degré que ce puisse être ; mais ils ne sont comptés que pour l'enfant qu'ils représentent.

Les dispositions qui excéderaient la quotité disponible seront réductibles à cette quotité lors de l'ouverture de la succession.

Le **Testament Olographe** doit être écrit en entier daté et signé de la main du **Testateur**. La date est l'énoncé de l'année, du mois, du jour ; elle est nécessaire pour juger par l'époque où l'acte s'est passé, de la capacité du testateur ; pour connaître parmi plusieurs testaments celui qui étant postérieur, annule tous les autres. Elle peut se mettre en chiffres, mieux la vaudrait en lettres ; sa place n'est point déterminée ; il suffit qu'elle se trouve avant la signature.

Si on avait été obligé de faire des renvois, des apostilles, tout cela doit être écrit et signé de la main du testateur : si dans le corps du Testament il se trouvait des lignes ou simplement des mots rayés, il faudrait avant la signature, faire mention du nombre de ces lignes, de ces mots biffés, et les déclarer nuls.

MODÈLE

de Testament Olographe.

Je N.... soussigné, sain de corps et d'esprit, voulant disposer selon l'expression de mes dernières volontés, donne et lègue à M...., *(nom, profession et domicile du légataire)*, tous mes biens, meubles et immeubles dont il m'est permis de disposer selon la loi.

Fait à.... ce.... 184

(Signature.)

Autre Formule.

Je N.... soussigné *(comme en la précédente)*, donne et lègue à M...., pour en jouir après mon décès, toute la portion de mes biens tant meubles qu'immeubles, dont la loi me permet de disposer. Je donne et lègue à F.... la somme de fr. une fois payée *(le chiffre en toutes lettres)*, ou la somme de fr.... de rente viagère et perpétuelle.

Je veux que mon légataire universel donne à telle personne N...., telle somme ou tel objet, ou fasse une pension de fr..., à M.... Je donne et lègue pour telle bonne œuvre telle somme Je nomme pour mon exécuteur testamentaire M. N.... *(Nom, profession, domicile)*, et je le prie en reconnaissance d'accepter tel objet ou telle somme.

Ce testament étant l'expression de ma dernière volonté, je révoque et annule tous ceux que j'aurais pu faire antérieurement.

Le présent acte est fait, écrit et signé de ma main, en mon domicile.

A.... le.... an....

(Signature.)

PRINCIPES DE TENUE DES LIVRES.

D. Qu'est-ce que la Tenue des Livres?

R. La Tenue des Livres est l'art de consigner les opérations commerciales sur divers registres d'après des règles établies, afin de faciliter au négociant la connaissance de l'état de ses affaires.

D. Combien y a-t-il de manière de tenir les Livres?

R. Il y en deux : la Tenue des Livres en partie simple, et celle en partie double. Nous ne parlerons pas de cette dernière qui exigerait des explications beaucoup trop longues ; nous ne nous occuperons que de la Tenue des Livres en partie simple, plus facile à concevoir et suffisante pour un grand nombre de personnes.

D. Quels sont les principaux Livres de Compte :

R. Il y en a plusieurs : le *Brouillard*, le *Journal*, le *Grand Livre* et les *Livres Auxiliaires*.

D. Faites-nous connaître successivement l'utilité et l'emploi de ces divers livres ?

R. Le *Brouillard* ou *Mémorial* est destiné à recevoir les diverses opérations journalières, ce qui se fait en ces termes : *Vendu à N.... Acheté de R.... Payé à.... Remis à.... Reçu de....*

Le *Journal* est un livre sur lequel se transcrivent les articles du *Brouillard* et où les débiteurs sont désignés par le mot DOIT et les créanciers par celui d'AVOIR.

D. Qu'entendez-vous par les *Livres Auxiliaires* ?

R. Ce sont de simples recueils de notes, sans indication de débiteurs et de créanciers, et dont le nombre dépend de

la volonté du négociant, comme de la nature de son commerce.
Il y a par exemple, le Livre de *Caisse*, de *Dépense*, d'*Achat*
de *Vente*, d'*Entrée* et de *Sortie*, le *Carnet d'Echéance*, le
Livre des Inventaires, etc.

D. Expliquez-nous brièvement l'usage des *Livres Auxiliaires* ?

R. Le *Livre de Caisse* se tient par DOIT et AVOIR ; on
écrit sur les pages de gauche les diverses sommes qui entrent,
à gauche on note celles qui sortent. Le *Livre d'Entrée* et de
Sortie des marchandises se tient de même : il sert aussi à
noter par une étiquette ou avec un numéro d'ordre chaque
objet entrant dans le magasin, ou en sortant, afin de pouvoir connaître aisément au bout d'un temps quelconque ce
qui doit se trouver en magasin. Le *Carnet d'Echéance* présente mois par mois, jour par jour, les effets ou mandats à
payer. Le *Livre des Inventaires* est destiné à faciliter au
négociant la position réelle de ses affaires, en lui présentant
un état de l'argent en caisse, des effets en portefeuilles
des marchandises en magasin, de ses débiteurs et créanciers.

D. Comment se fait cet Inventaire ?

R. Après avoir fait une revue et une évaluation exacte de
toutes ses marchandises, le négociant dresse son inventaire
ou *bilan* par *actif* et *passif*. L'*actif* comprend les marchandises encore en magasin, l'argent en caisse, les effets en
portefeuille, les ustensiles du ménage, les meubles avec leur
estimation, et enfin, le solde de tous les comptes du Grand
Livre dont le débit est plus fort que le crédit. Le *passif* renferme toutes les sommes dues par billets, contrats, obli-
gations, promesses ou de toute autre manière, et en outre
le solde du Grand Livre dont le crédit excède le débit. Si
l'*actif* est plus fort que le *passif* la différence forme l'avoir
du marchand ; mais au contraire, si le passif est plus fort
que l'actif, le négociant doit plus qu'il ne possède.

D. N'y a-t-il pas aussi un livre connu sous le nom de *Copie
de Lettres* ?

R. Oui ; comme son nom l'indique, il est destiné à recevoir la copie littérale, et quelquefois l'extrait des différentes lettres de commerce : le nom du correspondant, celui de
la ville où il demeure, et la date doivent être en plus gros

caractères. Ce livre doit être accompagné d'une table alphabétique semblable au répertoire du Grand Livre.

D. Combien de choses le *Brouillard* et le *Journal* doivent-ils renfermer ?

R. Chacun de ces deux livres doit renfermer six choses savoir :

1º La Date, 2º la nature des affaires, 3º le nom du vendeur ou celui de l'acheteur, 4º l'époque où le terme du paiement, 5º le genre et la quantité des objets livrés ou reçus ; 6º le prix de chaque objet.

Les ventes et les achats faits comptant n'étant inscrits que pour mémoire sur le *Journal*, on ne les reporte pas au *Grand Livre*.

D. Qu'est-ce que le *Grand Livre* ?

R. Le *Grand Livre* est un résumé du *Journal*, une sorte de table raisonnée, classée par ordre de comptes : chaque compte occupe deux pages. En tête de la page de gauche on écrit en gros caractères **DOIT UN TEL**, par exemple **MARIUS**, et au-dessous on reporte par ordre de dates tous les articles extraits du *Journal* où Marius est débiteur ; en face de cette page, sur le feuillet de droite on écrit aussi en gros caractères **AVOIR A MARIUS**, immédiatement au-dessous on reporte tous les articles du Journal ou Marius est créancier. Il est facile de comprendre, que pour connaître la situation, du compte de Marius, il suffira de faire l'addition des articles passés à son débit, et ensuite celle du crédit : si son *Avoir* est plus fort que le *Doit* je suis débiteur envers Marius de la différence ; si au contraire, le *Débit* de Marius est plus fort que son *Crédit*, le chiffre qui forme la différence est la somme qui m'est due par lui.

D. Comment fait-on pour trouver de suite au *Grand Livre*, les divers comptes qu'il renferme ?

R. On se sert pour cela d'un *Répertoire*. Le Répertoire est une table alphabétique de tous les correspondants, indiquant après le nom de chacun d'eux le folio du livre où se trouve leur compte.

MODÈLE DU BROUILLARD

OU MÉMORIAL.

(Folio 20.)

	F.	C.
Du 30 janvier 1843.		
Acheté à Michel, de Mâcon, au comptant, 20 demi pièces de vin, ci.	2800	» »
—— Du 1er février. ——		
Vendu à Lemercier, de Nîmes, pour comptant, 10 barriques cassonade commune, pesant ensemble 3650 kil. à 1 fr. le kilo.	3650	» »
—— Du 6 février. ——		
Vendu à Henri Robert, d'Avignon, au comptant, 300 kilogrammes cire jaune, à 2 fr. 50 c. le kilo. . .	750	» »
—— Du 15 février. ——		
Payé à Michel, de Mâcon, pour le vin acheté chez lui le 30 janvier.	2800	» »
—— Du 10 mars. ——		
Reçu de Le Mercier, de Nîmes, en payement de mon envoi du 1er février.	3650	» »
—— Dudit. ——		
Vendu au même, au terme de trois mois, 432 kil. de savon, à 1 fr. 50 le kilog.	648	» »

MODÈLE DU GRAND

DOIT   LEMERCIER, de Nîmes.

DATES 1843.	FOLIO du Journal.		F.	C.
1er février.	20	Pour 10 barriq. Sucre brut, au comptant.	3650	»»
10 mars.	Idem.	432 kilog. savon, à 3 mois. .	639	»»
15 avril.	21	Mon envoi 4 balles de riz. .	450	»»
30 avril.	22	Mon envoi coton.	325	»»
			5064	»»

Observation. Nous n'étendrons pas davantage ces exemples qui seront bien suffisants pourvu qu'on y apporte un peu de réflexion. Mais comme beaucoup de nos jeunes Élèves ne se destinent pas au commerce, nous allons donner successivement divers modèles de Comptes, Factures, Mémoires qui pourront leur être dans l'occasion extrêment utiles.

MODÈLE

D'UN CAHIER DE COMPTE.

A L'USAGE DE TOUTE PERSONNE QUI DÉSIRE VEILLER EXACTEMENT A SES AFFAIRES.

Dépenses du ménage.

DATES.		f.	c.
Janvier.			
1834. Deux kilogrammes dragées à la rose à 4 fr. le kilog.		8,00
4 Deux douzaines d'orages à 95 cent. la douzaine.		3,80

LIVRE.

AVOIR.

DATES.	FOLIOS du Journal.		F.	C.
10 mars.	20	Reçu le solde de mon envoi du 1er février.	3650	»»
15 avril.	21	Reçu son billet à 3 mois. .	639	»»
		Pour solde débiteur. .	775	»»
		F.	5064	»»

		fr.	c
Janvier.	*Report de ci-contre,*	11,80	
12	Trois douz. d'alouettes à 1 f. 80 cent. la douzaine.	5,40	
18	Vingt kilog. charbon de pierre à 05 centimes.	1,00	
24	Cent kilog. d'huile de noix à 1 fr. 10 cent.	110,00	
25	4 charges de bois de châtaigner à 2 fr. 50 cent.	10,00	
26	Deux sacs de châtaignes sèches, à 15 fr. le sac.	30,00	
27	Un cochon gras.	150,00	
30	Deux moutons à 24 francs.	48,00	
Février.			
1er	Cent kilog. de sel à 30 c.	30,00	
	Total.	396,20	

		f. c.
	Report de ci-contre ,	396,20
6	Six bouteilles de vin étranger à 2 fr.	12,00
10	Deux chevreaux à 2 fr.	4,00
18	Un chapon gras.	2,70
20	Un dindon et deux perdreaux.	9,00
24	Cinq litres de vinaigre blanc à 60 centimes.	3,00
28	Six kilog. cinq hectog. de beurre à 1 fr. 50 c.	9,75

Mars.

1	Six kilog. de chocolat à 6 francs.	36,00
3	Un sac de haricots.	18,00
6	Vingt-cinq kilog. de merluche à 50 c.	12,50
15	Cinquante kilog. pruneaux d'Agen.	26,00
20	Douze kilog. d'huile de navet à 1 fr. 25 c.	15,00
23	Vingt kilog. lentilles à 30 cent. le kilog.	6,00
26	Deux sacs de fèves à 10 francs le sac.	20,00
29	Un kilog. de truites.	2,75
30	Deux paires de poulets à 1 fr. 75 cent.	3,50
31	Dix-huit kilog. vermicelle commun à 40 cent.	7,20

Avril.

2	Deux kilog. graines d'oignons à 6 fr.	12,00
18	Soixante et quinze kilog., pommes de terre, à 6 f.	4,50
24	Quatre charges de sarments à 4 fr.	16,00
30	Un kilog. de bœuf.	1,00
30	Une douzaine de saucisses à 25 c.	3,00

Mai.

2	Quinze kilog. 5 hectog. huile fine à 2 50.	38,75
6	Trente mètres de toile rousse pour torchons, à 1 f. le mètre.	30,00
14	Une lanterne en fer-blanc.	2,00
19	Une paire de chenêts.	8,00
25	Cinquante kilog. de son.	3,00
30	Deux challs en mérinos broché.	112,00

Juin.

1er	Un barrique de vinaigre.	10,00
3	Trente kilog. de lard à 2 fr. le kilog.	60,00
7	Quatre kilog. de cerises à 20 c.	00,80

	Total.	884,65

	fr. c.
Report de ci-derrière,	884,65

18 Un kilog. de fraises. — 00,80

25 Sept kilog. cinq hectog. de poires à 30 c. — 2,25

31 Payé au boucher pour la taille de 6 mois. — 60,75

Juillet.

1er Six douzaines d'œufs à 50 c. — 3,00

10 Cinq douzaines petits fromages de chèvre à 2 f. 50 cent. — 12,50

14 Une paire de canards. — 2,55

18 Cinquante kilog. de riz. — 15,00

26 Deux barils d'anchois à 3 fr. — 6,00

29 Cinq kilog. de café à 3 fr. — 15,00

29 Quarante kilog. de savon à 80 c. — 32,00

Août.

2 Cinquante sacs de froment à 15 fr. — 750,00

10 Vingt sacs de seigle à 10 fr. — 200,00

12 Vingt sacs d'avoine à 8 fr. — 160,00

13 Deux paires de lapins à 2 fr. — 4,00

28 Deux paires de pigeons à 1 fr. 20 c. — 2,40

Septembre.

2 Six corbeilles pour vendanger à 75 c. — 4,50

6 Deux sacs de pomme reinette à 8 fr. — 16,00

15 Six kilog. de beurre à 1 fr. — 6,00

20 Un lièvre et deux bécassines. — 9,00

28 Cinq hectos cloux de gérofle. — 4,00

30 Une chèvre et deux brebis. — 30,00

Octobre.

1 Deux hectolitres de vin blanc à 32 fr. — 64,00

7 Douze hectolitres de vin rouge à 17 fr. — 204,00

23 Soixante kilog. huile commune à 1 fr. 60 c. — 96,00

27 Quinze cent kilog. de paille à 4 fr. — 60,00

29 Un chaudron en cuivre. — 24,00

Novembre.

1 Douze kilog. sucre à 1 fr. 70 c. — 20,40

3 Six cent kilog. charbon de chêne à 8 fr. — 48,00

20 Un poêle pour le salon. — 40,00

30 Quatre mètres d'escot pour robe à 4 fr. 50 c. — 18,00

Total 2786,75

f. c.

Report de ci-contre, 2786,75

Décembre.

6	Un décalitre d'amandes.	1,50
10	Deux douzaines de biscuits à 90 c.	1,80
12	Une paire de perdrix.	3,00
25	Une tourne-broche.	18,00
28	Vingt-quatre couverts en composition.	72,00
30	Deux saucissons pesant 2 kilog., à 3 fr. 50 c.	7,00
31	Cinq hectos poisson.	0,60

Total. 2890,65

Compte des Domestiques.

Nanette Rouvière est entrée dans ma maison en qualité de cuisinière, le 25 septembre 1840 ; je suis convenu avec elle de 120 fr. de gages.

f. c.

Donné à compte, le 20 mars 1841,	6,00
Donné à compte, le 1er mai 1841,	18,00
Donné à compte, le 18 août,	14,00
Donné le 25 septembre, pour compléter l'année,	82,00

Total. 120,00

fr. c.

Avancé sur sa 2e année, le 3 février 1832.	3,50
Avancé le 4 juin 1832.	6,25
Donné le 25 septembre 1834, pour compléter l'année.	110,25

Total. 120,00

Elle est sortie le 26 septembre de la même année.

MODÈLE POUR TENIR LES COMPTES,
PAR DÉPENSES ET RECETTES.

—

Compte de François Solivet avec **M.** *Quartier, teinturier.*

1841.	Fourni. fr. c.	Reçu. fr. c.
Janvier.		
1er 30 kilog. de figues à 50 cent.	15	
1er Reçu par sa domestique en espèces, à compte.		11,60
2 8 kilog. huile d'olive à 1 fr. 70 cent.	13,60	
6 Je dois pour teinture de mon manteau.		3,80
Février.		
10 50 kilogrammes pruneaux d'Agen à 84 cent. le kilog.	42,00	
22 17 kilogrammes fromage de Gruière à 70 c. le kilog.	11,90	
29 Fait teindre 5 kilog. 5 hectog. de filoselle à 1 fr. 10 cent. le kilog.	6,05	
Mars.		
14 325 kilogrammes charbon de chêne à 4 fr. 50 cent. les 100 kilog.	14,60	
25 Reçu de M. Quartier à compte.		23,55
Août.		
28 33 kilog. de savon à 88 c. le kilog.	29,05	
Total.	132,20	38,95
Il m'est dû		93,25

10 Septembre, reçu de M. Quartier
    pour solde 93 francs 25 c.

132,20

François SOLIVET.

MANIÈRE

DE DRESSER DES MÉMOIRES.

—

Mémoire d'un Marchand.

M. Valadier, Notaire à Bourg St. Andéol, doit à J. Granjean ce qui suit, année 1841.

	fr. c.
Du 4 janvier, 30 mètres toile rousse, à 1 fr. 50 c.	45,00
Du 18 mars, une douzaine mouchoirs de poche.	30,00
Dudit, 18 mètres indienne amarante à 3 fr.	54,00
Du 15 août, 20 mètres toile de Vénise, pour serviettes, à 4 francs.	80,00
Du 17 novembre, 8 mètres de drap vert dragon, à 10 f.	80,00
Du 1er décembre, 6 mètres mérinos violet, à 8 fr.	48,00
Dudit, 1 mètre velours de coton.	8,00
Du 15 décembre, livré à la femme de chambre, un mouchoir en mérinos blanc broché.	15,00
Total.	360,00

Pour acquit, 30 septembre 1842.

J. GRANJEAN.

Mémoire d'une Tailleuse.

Mme Bellavista doit à Lise Maindu ce qui suit : Année 1841.

	f. c.
Quinze journées de travail dans sa maison, à 1 fr	15,00
Plus, façon d'une robe en taffetas, pour Mlle Zoé.	3,00
Fourniture pour ladite robe, soie, rubans, doublure.	2,90
Façon d'une robe en percalle pour Madame.	4,00
Plus, façon et fournitures de deux bonnets pour Madame.	3,00
Total.	27,90

Quand on a payé le Mémoire, on fait mettre l'acquit.

Pour acquit, ce 3 décembre 1841.

LISE MAINDU, *tailleuse.*

Mémoire d'un Traiteur.

Du 2 janvier 1842, fourni et livré par Dégoutin, traiteur, à M. de Bongoût, et suivant ses ordres.

	fr. c.
Un aloyau à la braise, pesant 9 kilogrammes.	14,00
Une poitrine de veau farcie.	5,00
Trois poulardes farcies.	12,00
Deux lapereaux en fricandeau.	5,00
Trois perdreaux en ragoût.	8,50
Six poulets marinés.	7,50
Six pigeons au basilic.	6,00
Un oiseau de rivière et 12 moviettes.	4,00
Trois bécassines, six grives et six cailles.	18,00
Une hure de sanglier.	9,00
Un gigot de mouton d'Ardennes.	7,00
Un coq vierge.	3,00
Un cent d'écrevisses.	4,00
Deux crèmes brûlées et deux crèmes fouettées.	6,00
Un plat de beignets.	4,00
Total.	113,00

J'ai reçu le montant du mémoire ci-dessus, et pour solde de compte.

A Nîmes, le 12 janvier 1842.

Dégoutin, *maître traiteur*

Mémoire d'un Confiseur.

M. Masconil, avocat à Metz, doit à Doucet, marchand confiseur, ce qui suit : année 1841.

	fr. c.
Du 1er janvier, six boîtes de confitures à 3 fr.	18,00
Dudit, 1 kilog. de dragées à la rose.	8,00
Du 25 février, 10 kilog. savon blanc à 1 fr.	10,00
Dudit, 15 kilog. 5 hectog. de chandelles à 1 fr. 10 c.	17,05
Du 4 mars, 12 kilog. 5 hectog. de café à 3 fr. 20 c.	40,00

Report de ci-derrière. 93,05

Du 30 mars, dix tablettes de chocolat à la vanille, à 72 cent. 7,20

Dudit, 1 kilog. 5 hectog. de nougat à la rose, à 4 fr. 6,00

Du 20 avril, demi bouteille eau de fleurs d'orange. 2,35

Du 1er juin, 3 topettes sirop d'orgeat à 60 c. 1,80

Dudit, deux cierges de cinq hectog., à 4 fr. 4,00

Du 3 juillet, deux pains de sucre rafiné pesant 9 kilog. 5 hectog. à 2 fr. 19,00

Du 12 juillet, 6 kilog. 5 hectog. vermicelle blanc à 80 c. 5,20

Total......... 138,60

J'ai reçu le montant du mémoire ci-dessus, et pour solde de compte.

Metz, le 1er juillet 1842.

DOUCET, *marchand Confiseur.*

FIN DE LA TROISIÈME PARTIE.

TABLE DES MATIÈRES.

—

ABRÉGÉ D'ARITHMÉTIQUE.

PREMIÈRE PARTIE.

DE L'ADDITION.

DE LA SOUSTRACTION.

DE LA MULTIPLICATION.

SECONDE PARTIE.

Avertissement.

DES PROPORTIONS OU RÈGLES DE TROIS.

DES FRACTIONS.

TROISIÈME PARTIE.

FIN.